L'importanza dei micronutrienti

nell'alimentazione equilibrata

Vitamine
liposolubili:
A, D, E, K

Microelementi:
Fe, F, I, Se, Zn, Cu,
Cr, Co, Mn, Mo, Si,
Ni, Cd, V

Micronutrienti:
vitamine e sali minerali

Vitamine
idrosolubili:
B_1, B_2, PP, B_5, B_6,
H, B_{12}, B_9, C

Macroelementi:
Ca, Cl, P, Mg, K,
Na

di

FRANCESCO PIO CASANOVA

Indice

Introduzione

Il rapporto con il cibo, così come si estrinseca nel comportamento alimentare, è complesso, personale e quotidiano e ricco di significati simbolici e psicologici che richiamano il piacere e l'identità, nonché il senso di appartenenza ad una cultura. Inoltre, ha a che fare con l'immagine di sé e si confronta sia con i modelli sociali vincenti, sia con l'offerta di consumi in un contesto sociale che cambia continuamente.

Ognuno di noi ha un complesso rapporto con il cibo che, pur fondandosi su basi biologiche definitesi nel corso dell'evoluzione dell'uomo, è il risultato di uno sviluppo psicologico e individuale personale. La scelta di un alimento non dovrebbe però avvenire solamente sulla base di pure scelte edonistiche e consumistiche, ma dovrebbe essere il risultato di un **percorso consapevole** che tenga conto di tutte le variabili coinvolte nell'alimentazione.

Diventare **consumatori consapevoli** significa non solo acquisire le conoscenze fondamentali di base, ma anche avviare un percorso educativo continuo che fornisca gli strumenti di interpretazione e le informazioni che consentono di diventare protagonisti delle proprie scelte alimentari.

L'educazione (e l'auto-educazione) alimentare consentono di conoscere il cibo e di correlarlo ai molteplici aspetti che l'alimentazione coinvolge quali salute, nutrizione, ambiente, etica, economia, psicologia, cultura, storia, pubblicità, perché il cibo è sì nutrizione, ma anche piacere, tradizione, cultura, storia e molto altro.

L'educazione alimentare non è solo conoscenza dei nutrienti e delle indicazioni dietetiche ma anche (e soprattutto) educazione al benessere e al miglioramento della qualità della vita nel rapporto col cibo, per diventare **consumatori critici** aperti al piacere e alle nuove esperienze gastronomiche.

Affinché gli interventi e le campagne di prevenzione o informazione in ambito alimentare siano efficaci, occorre educare gli individui ad adottare un comportamento alimentare corretto che deve consolidarsi come abitudine, senza voler comunque imporre dall'alto un modello alimentare unico ma rispettando la cultura alimentare e gastronomica esistente e lavorando in una prospettiva intersettoriale.

Questo significa che occorre coinvolgere le istituzioni a tutti i livelli (a partire naturalmente dalla scuola), gli operatori sanitari e gli addetti del comparto sociale. Inoltre, le istituzioni devono collaborare con l'intero comparto agroalimentare e della ristorazione, industria alimentare compresa, affinché:

> tutti ricevano lo stesso messaggio;

> il consumatore reperisca prodotti più salutari;

> l'informazione al consumatore sia chiara ed esaustiva, per esempio mediante precisi sistemi di etichettatura e criteri di classificazione.

La pubblicità e tutti i mezzi di comunicazione, pubblici e privati, devono impegnarsi a veicolare uno stesso messaggio di salute, evitando di trasmettere informazioni ambigue, in particolare quando si rivolgono a bambini adolescenti e giovani.

1. L'alimentazione equilibrata

1.1 I princìpi alimentari

Gli **alimenti** sono i prodotti che l'uomo utilizza per la sua nutrizione. Requisiti degli alimenti:

- ✓ essere commestibili cotti o crudi;

- ✓ presentare caratteristiche organolettiche accettabili;

- ✓ contenere almeno uno dei princìpi nutritivi;

- ✓ non contenere sostanze tossiche.

I **princìpi nutritivi** (princìpi alimentari o nutrienti) sono le sostanze presenti negli alimenti che l'organismo umano usa per svolgere le sue attività vitali. Si distinguono in (**Tab. 1**):

- ➢ **macronutrienti**, forniscono energia e sono necessari per l'organismo in quantità di decine o centinaia di g/die: **glucidi**, **lipidi** e **protidi**;

- ➢ **micronutrienti**, non forniscono energia e sono necessari in piccole quantità (nell'ordine di pochi g, mg o μg/die): **sali minerali** e **vitamine**;

➤ **nutrienti essenziali**, le sostanze che devono essere assunte con la dieta, poiché il nostro organismo non è in grado di sintetizzarle.

Tra i nutrienti essenziali figurano ad esempio l'acqua, le vitamine e i sali minerali.

Tab. 1		Natura	Energia fornita
Macronutrienti	Glucidi	Organica	4 kcal/g
	Proteine	Organica	4 kcal/g
	Lipidi	Organica	9 kcal/g
	Acqua	Inorganica	
Micronutrienti	Vitamine	Organica	
	Sali minerali	Inorganica	

I princìpi nutritivi svolgono nell'organismo tre funzioni:

- **plastica** o costruttrice, svolta dalle proteine, in parte dai lipidi e in misura inferiore dai glucidi;

- **energetica**, svolta dai lipidi (9 kcal/g), dai glucidi (4 kcal/g), e dalle proteine (4 kcal/g);

- **regolatrice** o protettiva, svolta da vitamine, sali minerali, acqua, fibra alimentare.

Un'alimentazione sana ed equilibrata[1] si basa su **moderazione, varietà** ed **equilibrio** (giuste proporzioni tra le varie fonti di alimenti) è alla base di una vita in salute: un'alimentazione scorretta, infatti, oltre a incidere sul benessere psico-fisico, rappresenta uno dei principali fattori di rischio per l'insorgenza di numerose malattie.

Le raccomandazioni dei **LARN** e le **linee guida** per una sana alimentazione sono fondamentali per alimentarsi in modo corretto da un punto di vista sia quantitativo sia qualitativo.

È importante che l'apporto energetico sia tale da consentire di raggiungere o mantenere un peso corporeo adeguato, cioè con un **IMC** compreso tra 18,5 e 25.

Le calorie andrebbero ripartite durante la giornata in **tre pasti principali** (prima colazione 20%, pranzo 40% e cena 35%) e **due spuntini** (5-10% ciascuno).

---

[1] ALMA (2016). Scienza e cultura dell'alimentazione, Edizioni Alma-Plan. La dieta equilibrata: la dieta dell'adulto. Contenuto digitale.

Le indicazioni correnti suggeriscono che una sana alimentazione deve essere costituita:

- glucidi per il 45-60% delle chilocalorie totali, coperto in misura preponderante da alimenti amilacei, preferibilmente integrali, scelti tra quelli a basso indice glicemico;
- lipidi per il 20-35% delle calorie totali, suddivisi tra acidi grassi saturi (meno del 10%), polinsaturi (5- 7%) e monoinsaturi (per la parte restante);
- proteine per la quota restante (1 g/kg di peso corporeo), privilegiando quelle di origine vegetale.

Inoltre, si deve tenere presente che:

- gli zuccheri semplici non devono superare il 15% delle chilocalorie totali e devono provenire preferibilmente da frutta e latte parzialmente scremato;
- la quantità di fibra assunta non deve essere inferiore a 25 g/die.

La qualità dei lipidi assunti è determinante e, di conseguenza, si deve:

- ridurre il più possibile l'assunzione di acidi grassi trans (meno di 5 g/die);
- mantenere l'apporto di colesterolo alimentare al di sotto di 300 mg/die;
- assumere acidi grassi essenziali, in particolare della serie omega-3.

È preferibile quindi usare **olio extravergine di oliva** in qualità di condimento e ridurre il consumo di **carne rossa**, più ricca in grassi saturi e colesterolo, a favore delle proteine di origine vegetale (legumi ≥ 2 volte la settimana), del pesce (≥ 2 volte la settimana) e della carne bianca.

La quantità di **sale** (cloruro di sodio), incluso quello contenuto nei cibi conservati, dovrebbe essere inferiore a 5-6 g/die.

È bene assumere un'adeguata quantità di liquidi, preferibilmente di **acqua**, ricordando che il fabbisogno varia in base alle caratteristiche individuali ma mediamente sono necessari **1 ml/kcal di energia spesa** (o 30-35 ml/kg di peso corporeo).

L'alcol etilico non è raccomandato, ma ammissibile nella quantità di 1-2 unità alcoliche/die (12-24 g di alcol/die) per la donna e 2-3 unità alcoliche (24-36 g di alcol/die) per l'uomo preferibilmente ai pasti.

1.2 L'attività fisica

Ai fini dello stato di benessere psico-fisico, è fondamentale praticare regolarmente attività fisica:

- tutti i giorni si dovrebbe, per esempio, andare al lavoro o a scuola a piedi o in bici invece che in macchina, prendere le scale al posto dell'ascensore, portare fuori il cane, mantenersi attivi sistemando la casa o il giardino, scendere dall'autobus una o due fermate prima;
- 3-5 volte alla settimana si dovrebbe praticare un'attività prevalentemente aerobica (corsa, bici, rollerblade, nuoto, camminata veloce) o un'attività sportiva (tennis, calcio, pallavolo, basket);
- 2-3 volte alla settimana si dovrebbe fare attività prevalentemente anaerobiche o più specifiche (sollevamento pesi, ginnastica a corpo libero, karate) o fare esercizi di allungamento muscolare (pilates, yoga, stretching).

Si dovrebbe invece ridurre il più possibile altre attività sedentarie, come per esempio: guardare la televisione, giocare ai videogiochi, restare seduti per più di 30 minuti.

1.3 CREA: alimenti e nutrizione

I nutrienti[2] presenti negli alimenti si riscontrano in percentuali variabili nel corpo umano (**Fig. 1**).

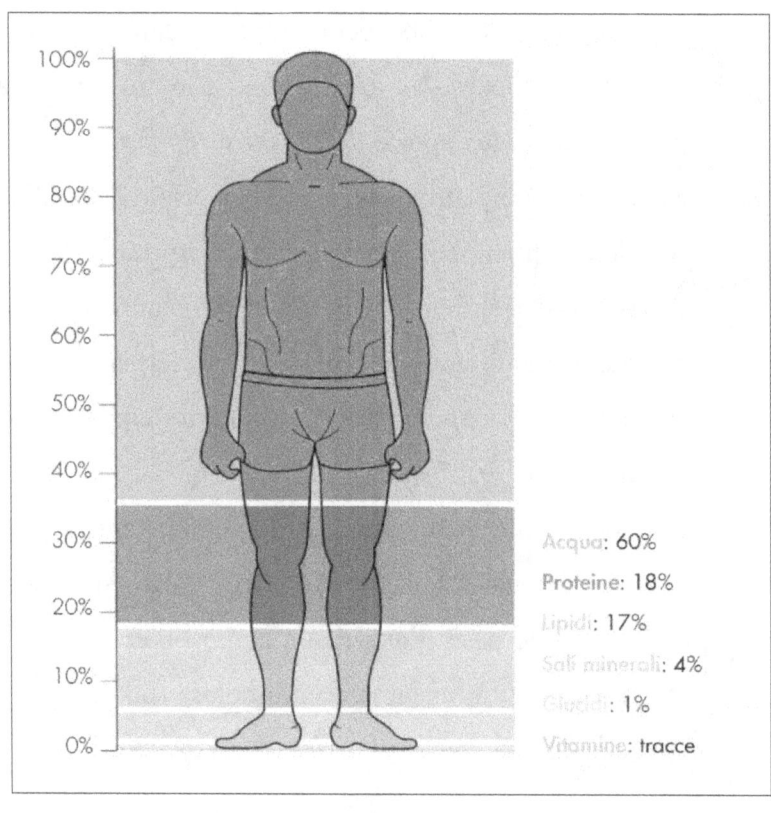

Fig. 1

[2] www.crea.gov.it/documents/59764/0/LINEE GUIDA%20DEFINITIVO.pdf/28670db4-154c-0ecc-d187-1ee9db3b1c65?t=1576850671654

La classificazione CREA[3] del 2003 divide gli alimenti primari in cinque gruppi (**Tab. 2**) in base al principale nutriente che apportano:

Gruppo I	cereali e tuberi (glucidi complessi)
Gruppo II	ortaggi e frutta fresca (vitamine)
Gruppo III	latte e derivati (proteine ad alto valore biologico, calcio e fosforo)
Gruppo IV	carni, prodotti ittici, uova e legumi secchi (proteine ad alto valore biologico, sali minerali, vitamine del gruppo B)
Gruppo V	grassi e oli da condimento (lipidi)
Tab. 2	

---

[3] Il CREA è il principale ente di ricerca italiano dedicato alle filiere agroalimentari. Le sue competenze scientifiche spaziano dal settore agricolo, zootecnico, ittico, forestale, agroindustriale, nutrizionale, fino all'ambito socioeconomico.

Le tabelle di composizione degli alimenti[4] costituiscono uno strumento fondamentale per il calcolo energetico e nutrizionale di piatti e menu. Riportano i **valori medi** della composizione chimica (acqua, macronutrienti e principali micronutrienti) di circa 700 alimenti.

I valori nutrizionali sono espressi per 100 g di parte edibile.

I **valori energetici** sono riportati in kcal e kJ.

$$1 \text{ kcal} = 4,184 \text{ kJ}$$

Una **dieta equilibrata** è quella capace di soddisfare il fabbisogno energetico e materiale di un individuo.

Il **peso corporeo ideale** dipende fondamentalmente dall'età, dal sesso, dall'altezza e dalla costituzione fisica di ogni individuo. Secondo le Linee Guida per una Sana Alimentazione Italiana il peso corporeo rappresenta l'espressione tangibile del bilancio energetico tra entrate e uscite caloriche. Per peso corporeo desiderabile (o ideale) si intende il peso da considerare come riferimento per mantenere una struttura fisica armoniosa e proporzionata.

---

[4] www.crea.gov.it/-/tabella-di-composizione-degli-alimenti

Il parametro più utilizzato per stabilire il peso corporeo desiderabile e valutare lo stato di nutrizione di soggetti adulti è il **Body Mass Index** (BMI, in italiano Indice di Massa Corporea, **IMC**[5]). Questo indice è calcolato con la formula:

IMC = peso (kg) / altezza^2 (m).

La fascia del normopeso è compresa fra 18,5 e 24,9 kg/m^2. Valori al di fuori di questo intervallo possono risultare pericolosi per la salute (**Fig. 2**).

Il BMI non va utilizzato per valutare lo stato di nutrizione di bambini, donne in gravidanza, sportivi o soggetti con massa muscolare molto sviluppata.

---

[5] BMI e stato di nutrizione di soggetti adulti (OMS, 1997).

17

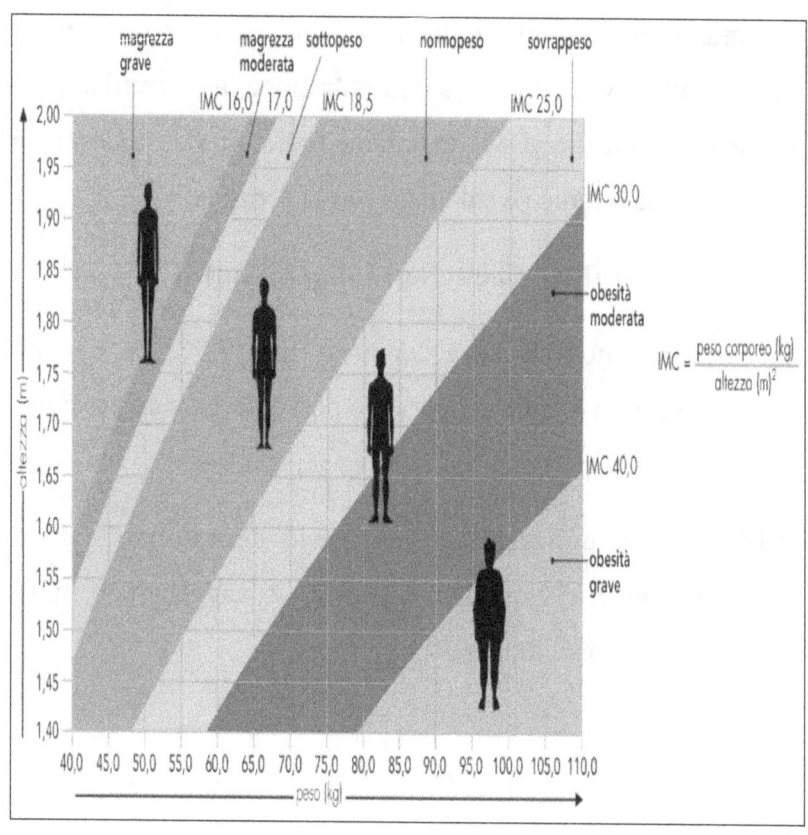

Fig. 2

18

Anche la circonferenza addominale può essere un indicatore del rischio di malattie e difetti metabolici. Essa non deve superare i 102 cm nell'uomo e gli 88 cm nella donna.

Per individuare la fascia di peso corporeo desiderabile si può fare riferimento anche al **tipo morfologico** (longilineo, normolineo o brevilineo), ricavato dal rapporto fra l'altezza e la circonferenza del polso (**Tab. 3**)

Tipo morfologico				
Tipo	**Costituzione**	**Ossa**	**Uomini**	**Donne**
Longilineo	Esile	Leggere e piccole	>10.4	>10.9
Normolineo	Normale	Medie	9.6-10.4	9.9-10.9
Brevilineo	Robusta	Pesanti e grandi	<9.6	<9.9
Tab. 3				

Altro parametro è il **fabbisogno energetico**. Il fabbisogno energetico dipende da diversi fattori, tra i quali l'età, il sesso, caratteristiche personali (statura, peso, stato fisiologico) e attività svolta.

$$FET = MB \times LAF$$

FET = **Fabbisogno energetico totale**

MB = **Metabolismo basale (Fig. 3)**

LAF = **Livello di attività fisica** (per gli adulti il valore è compreso tra 1,4 e 2, sedentarietà/impegno motorio, **Tab. 4**).

EQUAZIONI PER IL CALCOLO DEL MB		
Equazione	Età	Formula*
Harris-Benedict	15-73	$MB_F = 655 + 9,56 \times P + 1,85 \times H - 4,68 \times$ età $MB_M = 66 + 13,75 \times P + 5,0 \times H - 6,76 \times$ età
FAO/WHO/LARN	18-29	$MB_F = 14,7 \times P + 496$ $MB_M = 15,3 \times P + 679$
	30-59	$MB_F = 8,7 \times P + 829$ $MB_M = 11,6 \times P + 879$
	60-74	$MB_F = 9,2 \times P + 688$ $MB_M = 11,9 \times P + 700$
	≥75	$MB_F = 9,9 \times P + 624$ $MB_M = 8,4 \times P + 819$
Owen	18-82	$MB_F = 7,2 \times P + 795$ $MB_M = 10,2 \times P + 879$
Mifflin	19-78	$MB_F = 10 \times P + 6,25 \times H - 5 \times$ età $- 161$ $MB_M = 10 \times P + 6,25 \times H - 5 \times$ età $+ 5$
*P = peso in kg, H = altezza in cm, età in anni, F = femmine, M = maschi		

Fig. 3

20

Livelli di attività fisica (LAF) - (Metodo: FAO/OMS)			
Fascia di età	Attività leggera	Attività moderata	Attività pesante
Adulti (18-59) Uomini Donne	1.55 1.56	1.78 1.64	2.01 1.82
Anziani (> 60) Uomini Donne	1.45 1.48		
Tab. 4			

I LARN[6] (**Livelli di Assunzione di Riferimento di Nutrienti ed energia per la popolazione italiana**) sono standard nutrizionali, riferiti a persone sane in diverse fasce di età e condizioni fisiologiche particolari (gestanti, nutrici).

I LARN (**Fig. 4, 5 e 6**) possono essere utilizzati:

* nella ricerca e pianificazione nutrizionale a livello sia individuale, sia nella ristorazione collettiva;

* nella valutazione dell'adeguatezza delle diete;

* nella messa a punto di linee guida;

* nell'etichettatura nutrizionale.

---

[6] sinu.it/tabelle-larn-2014/

LIVELLI DI ASSUNZIONE DI RIFERIMENTO PER LA POPOLAZIONE ITALIANA (MACRONUTRIENTI)		
Nutriente	Parametro	Adulti
Carboidrati	RI	45-60% energia totale
Zuccheri semplici	SDT	< 15% energia totale
Fibra alimentare	SDT	almeno 25 g/die
Proteine	PRI	0,90 g/kg/die
Lipidi totali*	RI	20-35% energia totale
Ac. grassi saturi	SDT	< 10% energia totale
Ac. grassi trans	SDT	il meno possibile
Colesterolo	SDT	< 300 mg
Ac. grassi polinsaturi totali	RI	5-10 % energia totale
Ac. grassi omega-6	RI	4-8% energia totale
Ac. grassi omega-3	RI	0,5-2,0% energia totale

* In caso di diete a basso apporto glucidico si considerano i valori più elevati dell'intervallo. Negli altri casi l'assunzione deve essere ≤ 30% energia totale.

Fonte: Elaborazione dei LARN – SINU, 2014

Fig. 4[7]

---

[7] RI Intervallo di riferimento per l'assunzione di macronutrienti. SDT Obiettivo nutrizionale per la prevenzione. PRI Assunzione raccomandata per la popolazione.

LARN per le vitamine: fabbisogno medio (AR) Valori su base giornaliera (Società Italiana di Nutrizione Umana, 2014)			Vit. C (mg)	Tiamina (mg)	Riboflavina (mg)	Niacina (mg)	Vit. B$_6$ (mg)	Folati (µg)	Vit.B$_{12}$ (µg)	Vit. A (µg)	Vit.D (µg)
Bambini-Adolescenti	1-3 anni		25	0,3	0,4	5	0,4	110	0,7	200	10
	4-6 anni		30	0,4	0,5	6	0,5	140	0,9	250	10
	7-10 anni		45	0,6	0,7	9	0,7	210	1,3	350	10
Maschi	11-14 anni		65	0,9	1,1	13	1,0	290	1,8	400	10
	15-17 anni		75	1,0	1,3	14	1,1	320	2,0	500	10
Femmine	11-14 anni		55	0,8	1,0	13	1,0	290	1,8	400	10
	15-17 anni		60	0,9	1,1	14	1,1	320	2,0	400	10
Adulti											
Maschi	18-29 anni		75	1,0	1,3	14	1,1	320	2,0	500	10
	30-59 anni		75	1,0	1,3	14	1,1	320	2,0	500	10
	60-74 anni		75	1,0	1,3	14	1,4	320	2,0	500	10
	≥75 anni		75	1,0	1,3	14	1,4	320	2,0	500	10
Femmine	18-29 anni		60	0,9	1,1	14	1,1	320	2,0	400	10
	30-59 anni		60	0,9	1,1	14	1,1	320	2,0	400	10
	60-74 anni		60	0,9	1,1	14	1,3	320	2,0	400	10
	≥75 anni		60	0,9	1,1	14	1,3	320	2,0	400	10
Gravidanza			70	1,2	1,4	17	1,6	520	2,2	500	10
Allattamento			90	1,2	1,5	17	1,7	450	2,4	800	10

Fig. 5[8]

[8] Per le fasce d'età si fa riferimento all'età anagrafica; ad esempio per 4-6 anni s'intende il periodo fra il compimento del quarto e del settimo anno di vita. L'intervallo 6-12 mesi corrisponde al secondo semestre di vita. Per nessuna vitamina sono disponibili gli AR relativi ai lattanti. Per l'acido pantotenico, la biotina, la vit.E e la vit. K l'evidenza scientifica non consente di definire l'AR per nessuno dei gruppi di interesse. La niacina è espressa come niacina equivalenti (NE) in quanto comprende anche la niacina di origine endogena sintetizzata a partire dal triptofano (60 mg di triptofano = 1 mg di NE). Per i folati i livelli di assunzione di riferimento per le donne in età fertile (che programmano o non escludono una gravidanza) e in gravidanza non includono supplementazioni indicate per la prevenzione dei difetti del tubo neurale. La vit. A è espressa in µg di retinolo equivalenti (1 RE = 1 µg di retinolo = 6 µg di beta-carotene = 12 µg di altri carotenoidi provitaminici). La vit. D è espressa come colecalciferolo (1 µg di colecalciferolo = 40 IU vit. D). L'AR considera sia gli apporti alimentari sia la sintesi endogena nella cute.

23

		Ca (mg)	P (mg)	Mg (mg)	Fe (mg)	Zn (mg)	Cu (mg)	Se(µg)
		LARN per i minerali: fabbisogno medio (AR)						
		Valori su base giornaliera (Società Italiana di Nutrizione Umana, 2014)						
Lattanti	6-12 mesi	nd	nd	nd	7	2	nd	nd
Bambini-Adolescenti	1-3 anni	500	380	65	4	4	0,2	16
	4-6 anni	700	410	85	5	5	0,3	20
	7-10 anni	900	730	130	5	7	0,4	30
Maschi	11-14 anni	1100	1060	200	7	10	0,6	41
	15-17 anni	1100	1060	170	9	10	0,7	45
Femmine	11-14 anni	1100	1060	200	7/10	8	0,6	40
	5-17 anni	1000	1060	170	10	8	0,7	45
Adulti								
Maschi	18-29 anni	800	580	170	7	10	0,7	45
	30-59 anni	800	580	170	7	10	0,7	45
	60-74 anni	1000	580	170	7	10	0,7	45
	≥75 anni	1000	580	170	7	10	0,7	45
Femmine	18-29 anni	800	580	170	10	8	0,7	45
	30-59 anni	800	580	170	10/6	8	0,7	45
	60-74 anni	1000	580	170	6	8	0,7	45
	≥75 anni	1000	580	170	6	8	0,7	45
Gravidanza		1000	580	170	22	9	0,9	50
Allattamento		800	580	170	8	10	1,2	60

Fig. 6[9]

---

[9] nd: non definito.

Per le fasce d'età si fa riferimento all'età anagrafica; ad esempio per 4-6 anni s'intende il periodo fra il compimento del quarto e del settimo anno di vita. L'intervallo 6-12 mesi corrisponde al secondo semestre di vita.

Per Na, K, I, Mn, Mo e F, l'evidenza scientifica non consente di definire l'AR per nessuno dei gruppi di interesse; nel gruppo dei lattanti l'AR è definibile solo per il Fe e lo Zn.

Per il Ca, nelle donne in menopausa che non sono in terapia estrogenica l'AR è di 1000 mg.

Per il Fe, nella fascia 11-14 anni i secondi valori di AR fanno riferimento alle adolescenti che hanno le mestruazioni; nelle femmine 39-59 anni, i secondi valori di AR fanno riferimento alle donne in menopausa.

1.4 Linee guida per una sana alimentazione[10]

1. Controlla il peso e mantieniti sempre attivo. Uno stile di una vita sano, con attività fisica regolare, e una dieta equilibrata, assicurano benefici per la salute e riducono il rischio di malattie croniche in tutte le fasi della vita.

2. Più frutta e verdura. Il consumo giornaliero di frutta e verdura (almeno 5 porzioni al giorno) aiuta a prevenire obesità, malattie cardiovascolari, diabete di tipo 2, e alcuni tipi di tumori.

3. Più cereali integrali e legumi. Cereali integrali e legumi sono fonti primarie di macro- e micronutrienti, fibra e sostanze bioattive. È bene consumarli frequentemente.

4. Bevi ogni giorno acqua in abbondanza. L'acqua è indispensabile per mantenere un buono stato di salute e assicurare la corretta idratazione dell'organismo. Occorrono al giorno circa 2000 mL per la donna e 2500 mL per l'uomo. Bambini e anziani sono a rischio di disidratazione.

5. Grassi, scegli quali e limita la quantità. È bene mantenere basso il consumo di grassi, soprattutto animali, e associare oli

---

[10]www.crea.gov.it/documents/59764/0/LINEEGUIDA%20DEFINITIVO.pd
f/28670db4-154c-0ecc-d187-1ee9db3b1c65?t=1576850671654

vegetali ad alimenti protettivi, come le verdure. È importante però assicurare un adeguato apporto di acidi grassi omega-3 perché esercitano azioni favorevoli a livello metabolico e cardiovascolare.

6. Zucchero, bevande zuccherate e dolci: poco è meglio. L'eccessivo consumo di zucchero e dolci aumenta il rischio di obesità e malattie cardiovascolari. Le bevande con "zuccheri aggiunti" hanno un livello di sazietà minore rispetto alle fonti solide di glucidi (frutta).

7. Il sale? Meglio poco … (ma iodato). Ridurre il consumo di sale ($< 5g/die$) contribuisce a prevenire l'ipertensione arteriosa e altre malattie di diversa natura. È preferibile usare il sale iodato per prevenire il gozzo.

8. Bevande alcoliche, se sì il meno possibile. Non esistono livelli di consumo alcolico privi di rischio. L'intossicazione acuta è il principale fattore di mortalità tra i giovani in quanto correlato all'incidentalità stradale e un consumo prolungato può determinare dipendenza e aumentare il rischio di patologie come cirrosi e cancro.

9. Varia la tua alimentazione: come e perché. Variare la dieta vuol dire combinare adeguatamente gli alimenti appartenenti ai

5 gruppi, alternandoli nei pasti della giornata. Questo vale soprattutto per ortaggi e frutta, da preferire quelli freschi e di stagione. Una dieta monotona, o non sufficientemente variata, aumenta il rischio di assunzione e accumulo di alcune sostanze presenti negli alimenti che possono, a lungo termine, diventare nocive. A questo proposito è utile variare spesso anche la marca e/o la provenienza degli alimenti consumati.

10. Consigli speciali per persone speciali. Ogni persona ha esigenze nutrizionali specifiche, ma in certe situazioni occorre una maggiore attenzione per evitare squilibri alimentari.

11. Attenti a diete e integratori senza basi scientifiche. È preferibile prevenire il sovrappeso piuttosto che dover ricorrere a diete dimagranti; il tasso di fallimento, non tanto nell'ottenere la perdita di peso quanto nel mantenerla nel tempo, è molto alto. Le diete "fai da te" possono essere pericolose per la salute.

12. La sicurezza dei tuoi cibi dipende anche da te. Le malattie a trasmissione alimentare sono provocate da alimenti o acqua potabile contaminati da microrganismi patogeni; per contrastarle occorre evitare la contaminazione lungo tutta la filiera. Il consumatore ha un ruolo fondamentale a livello domestico.

13. Sostenibilità delle diete: tutti possiamo contribuire. Una dieta sana e sostenibile prevede un'elevata quantità di alimenti a base vegetale e una limitata quantità di carne e prodotti lattiero-caseari. Sono da preferire i cibi prodotti localmente e quelli a filiera corta. Oggi, i consumi alimentari medi italiani tendono verso cibi di origine animale.

La **doppia piramide alimentare-ambientale (Fig. 7)** è un modello ideato per orientare correttamente le nostre scelte alimentari e contemporaneamente diminuire l'incidenza dei nostri consumi sull'ambiente.

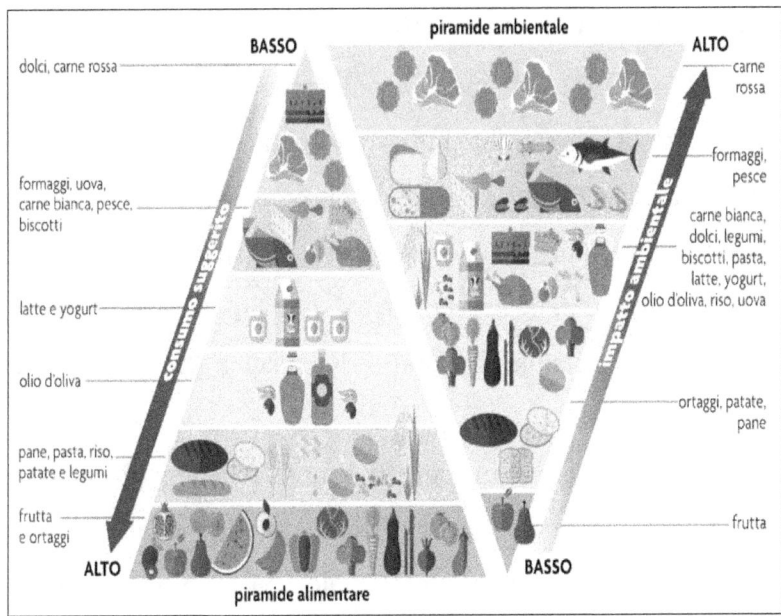

piramide ambientale

BASSO · ALTO

dolci, carne rossa — carne rossa

formaggi, uova, carne bianca, pesce, biscotti — formaggi, pesce

carne bianca, dolci, legumi, biscotti, pasta, latte, yogurt, olio d'oliva, riso, uova

latte e yogurt

olio d'oliva

ortaggi, patate, pane

pane, pasta, riso, patate e legumi

frutta e ortaggi — frutta

ALTO · BASSO

consumo suggerito

impatto ambientale

piramide alimentare

Fig. 7

2. I micronutrienti: le vitamine

Scoperte nel 1911 dal medico polacco Kazimierz Funk, che estrasse per la prima volta dalla crusca una sostanza in grado di curare il *beri beri*, le **vitamine**[11] sono nutrienti essenziali alla salute la cui regolare assunzione, tramite gli alimenti, può avere effetti importanti nella prevenzione di numerose malattie, tra cui varie forme di anemia, di disturbi del sistema nervoso, fino ad alcuni tipi di cancro.

Le vitamine sono un insieme molto eterogeneo di sostanze chimiche, normalmente necessarie in minime quantità per i fabbisogni dell'organismo, nel quale regolano una serie di reazioni metaboliche, spesso funzionando come coenzimi.

La carenza di vitamine, che è solitamente definita **ipovitaminosi** quando la vitamina è presente in quantità insufficienti nell'organismo e **avitaminosi** nei casi, molto più rari, in cui è totalmente assente, ha sintomi specifici a seconda del tipo di vitamina e può causare diversi disturbi o malattie.

L'ipovitaminosi può dipendere da una insufficiente assunzione di vitamina con gli alimenti, da un aumentato fabbisogno, come avviene ad esempio in gravidanza, o dalla presenza di alterazioni

---

[11] www.epicentro.iss.it/vitamine/

intestinali che ne impediscono l'assorbimento, come nel caso di alcune patologie o di alcolismo cronico.

Le avitaminosi sono diffuse nei Paesi poveri di risorse, mentre le ipovitaminosi sono più frequenti nei Paesi con un'ottimale disponibilità di cibo in cui però si consumano ortaggi, legumi e frutta in quantità insufficienti e si applicano tecniche di preparazione che provocano considerevoli perdite vitaminiche (la maggior parte delle vitamine, ed in particolare la B1, viene infatti distrutta dalla cottura). Non va infine dimenticata l'azione delle **antivitamine**, sostanze naturali o sintetiche che riducono l'assorbimento di alcune vitamine oppure ostacolano le loro normali funzioni: tra quelle naturalmente presenti negli alimenti ricordiamo l'avidina (o antivitamina H), contenuta nell'albume d'uovo crudo, e l'antivitamina PP, contenuta nel mais.

Solitamente, la somministrazione di dosi di vitamina, tramite l'alimentazione o integratori specifici, è sufficiente a eliminare i sintomi. Raramente si può manifestare anche la condizione contraria, quella di ipervitaminosi, derivante soprattutto da un eccesso di assunzione di integratori.

Secondo stime di International Micronutrient Malnutrition Prevention and Control Program (IMMPaCt), il programma dei CDC americani per eliminare la malnutrizione da micronutrienti, ci sono miliardi di persone che nel mondo presentano carenze di vitamina A, di acido folico e di altri micronutrienti non vitaminici, come ad esempio il ferro e lo iodio, essenziali a un equilibrato sviluppo dell'organismo. Il risultato di tali carenze è la diffusa prevalenza di malformazioni neonatali, disabilità e difficoltà di apprendimento, cecità, ritardo mentale, sistema immunitario indebolito, ridotta capacità di operare e lavorare, perfino morte prematura.

Lo stesso programma indica nel miglioramento della dieta, nell'introduzione di alimenti fortificati e nell'eventuale supplemento con integratori alimentari gli strumenti più efficaci per combattere la carenza vitaminica e di sali minerali.

Le vitamine si possono suddividere in due grandi gruppi:

- **idrosolubili**: non accumulabili dall'organismo e quindi da assumere quotidianamente con l'alimentazione.

Si tratta di tutte le vitamine del gruppo B, compreso l'acido folico, della vitamina H, PP o B_3 e vitamina C;

- **liposolubili**: vengono assorbite assieme ai grassi alimentari e accumulate nel fegato. La carenza si manifesta quindi in seguito a una mancata assunzione per tempi lunghi.

Ne fanno parte la vitamina A, D, E e K (**Fig. 8**).

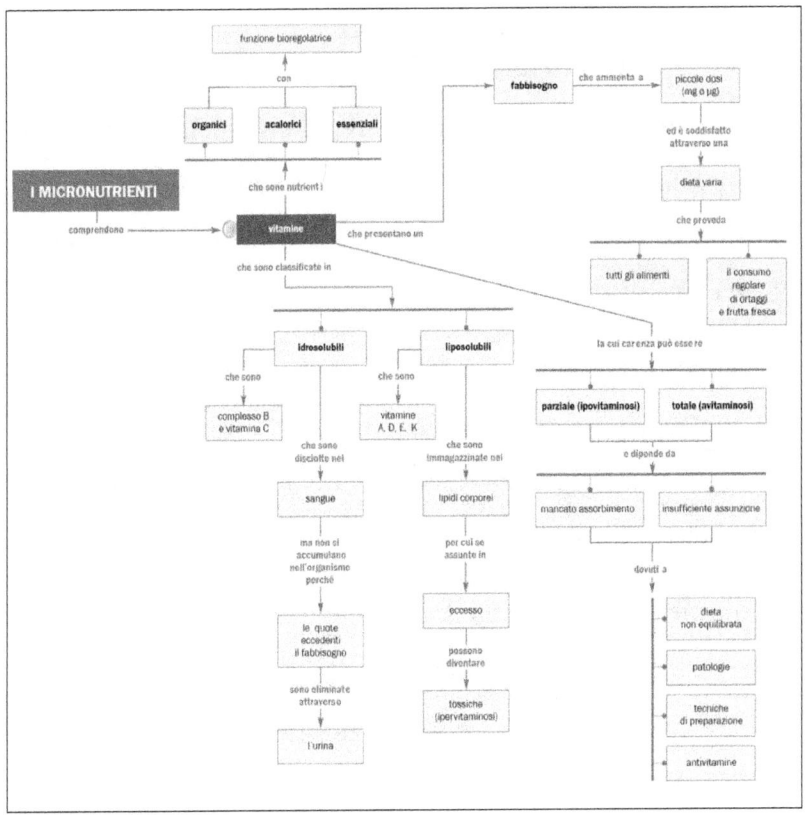

Fig. 8

2.1 Le vitamine idrosolubili[12]
2.1.1   Tiamina (B1)

La tiamina svolge un ruolo importante nel **metabolismo energetico**, agendo da coenzima nel metabolismo dei glucidi, degli acidi grassi a catena ramificata e degli amminoacidi a catena ramificata.

La carenza di questa vitamina causa principalmente alterazioni del metabolismo dei glucidi. Essendo le riserve di tiamina scarse, i primi disturbi metabolici compaiono dopo deficit alimentari di pochi giorni.

Le prime fasi di carenza si manifestano con stanchezza, anoressia, perdita di peso e disturbi del sistema nervoso. Nei casi più gravi, la carenza di tiamina è responsabile dell'insorgenza del **beri-beri**.

Questa malattia, nota fin dall'antichità, alcuni anni fa era molto diffusa soprattutto nei Paesi del Sudest asiatico, dove l'alimento principale della dieta era il riso brillato, privato cioè dei rivestimenti esterni particolarmente ricchi di vitamina B1.

---

[12]ALMA (2015). Scienza e cultura dell'alimentazione, Edizioni Alma-Plan. Contenuto digitale.

Può manifestarsi con edemi agli arti inferiori, insufficienza cardiaca e dilatazione cardiaca (*forma umida*) oppure con manifestazioni polineuritiche a carico dei nervi periferici con problemi della deambulazione fino alla paralisi degli arti inferiori con atrofia muscolare (*forma secca*).

Nei Paesi industrializzati la carenza di tiamina è essenzialmente associata all'**abuso di alcol**: negli etilisti cronici si manifesta con alterazioni dello stato mentale (*encefalopatia di Wernicke*) o disturbi psichici e della memoria (*psicosi di Korsakoff*) o con l'associazione di tali sintomi (sindrome di *Wenicke-Korsakoff*[13]).

La tiamina è presente nei **cereali integrali** (principalmente nel germe e nella crusca), nei legumi, nella frutta secca, nell'uovo (tuorlo) e nelle carni, con le carni suine e i loro derivati (prosciutto) a presentare i contenuti maggiori. Buoni livelli sono contenuti nelle frattaglie, in particolare nel fegato. Perdite del contenuto di tiamina si verificano con la cottura (intorno al 10-40% a seconda del tipo di alimento e del trattamento termico) e con i processi di raffinazione dei cereali.

---

[13] www.msdmanuals.com/it-it/casa/disturbi-di-cervello,-midollo-spinale-e-nervi/disfunzioni-cerebrali/sindrome-di-wernicke-korsakoff

2.1.2 Riboflavina (B$_2$)

Questa vitamina è il costituente fondamentale di due **forme coenzimatiche** (flavina mononucleotide, FMN, e il flavina adenina dinucleotide, FAD) che intervengono:

- in varie reazioni di ossido-riduzione del metabolismo dei glucidi, dei lipidi e degli amminoacidi (tra i quali il ciclo di Krebs, la beta-ossidazione degli acidi grassi, il catabolismo degli amminoacidi a catena ramificata);
- nella produzione di energia (catena respiratoria mitocondriale).

Di conseguenza, è coinvolta in tutte le aree del **metabolismo energetico**. È inoltre coenzima di enzimi implicati nel metabolismo di xenobiotici e alcol, nel metabolismo degli ormoni steroidei e di altre vitamine (piridossina, niacina, folati) e svolge un ruolo importante nelle difese antiossidanti dell'organismo, facendo parte di alcuni sistemi enzimatici antiossidanti.

La carenza di riboflavina non causa manifestazioni specifiche ma provoca **lesioni** della **pelle** e delle **mucose** soprattutto del cavo orale (dermatite, cheilosi, stomatite, glossite), lesioni oculari e anemia.

La carenza di riboflavina è spesso associata ad altre carenze nutrizionali. La carenza di riboflavina è endemica nei Paesi nei quali la dieta è carente di carne e di prodotti lattiero-caseari.

Si tratta della vitamina più diffusa in natura, contenuta in piccole quantità in tutti gli alimenti. Il contenuto più elevato si trova principalmente nei **formaggi** e nelle **frattaglie**, in particolare nel **fegato**; altre fonti alimentari sono uova, latte, verdure a foglia verde.

La quantità presente nel latte e derivati può variare a seconda del tipo di foraggio utilizzato nell'alimentazione del bestiame.

La riboflavina è poco solubile in acqua e abbastanza resistente alla cottura, mentre la sua attività si riduce rapidamente con l'esposizione alla luce.

2.1.3   Niacina (PP o B₃)

Questa vitamina è il costituente di due importanti coenzimi del metabolismo energetico, il nicotinammide adenina dinucleotide (NAD) e il nicotinammide adenina dinucleotide fosfato (NADP). Questi coenzimi sono coinvolti in molte reazioni metaboliche di ossidoriduzione di specifici intermedi metabolici tramite sottrazione o donazione di atomi di idrogeno: in queste reazioni i coenzimi sono reversibilmente convertiti nelle forme ossidate (NAD+ e NADP+) e nelle forme ridotte (NADH e NADPH). Gli enzimi NAD+-dipendenti agiscono nelle vie cataboliche collegate alla produzione di energia (glicolisi, ossidazione degli acidi grassi, ciclo di Krebs): il NADH così formato è riossidato a NAD+ nella catena respiratoria mitocondriale.

Inoltre, il NAD+ partecipa ad importanti reazioni non ossidoriduttive coinvolte nel metabolismo delle proteine e nella modulazione del ciclo cellulare. Gli enzimi NADP+-dipendenti agiscono invece nella via dei pentoso fosfati (per la sintesi del ribosio dal glucosio) e nella biosintesi del colesterolo e degli acidi grassi.

Inoltre, svolgono un ruolo nei processi di detossificazione deputati al catabolismo di xenobiotici e alcol e hanno un ruolo fondamentale nella difesa dallo stress ossidativi mantenendo nella forma funzionale alcuni antiossidanti. La niacina non può essere considerata in senso stretto un nutriente essenziale perché nel nostro organismo si può formare dal metabolismo dell'amminoacido essenziale **triptofano**.

Si trova in quantità significative nelle **frattaglie**, nei prodotti ittici, nelle carni avicole (tacchino, pollo), bovine e suine e nei prodotti trasformati come il prosciutto crudo.

Alti livelli si trovano anche nel lievito di birra, nei legumi e nella frutta secca a guscio, in particolare nelle **arachidi**; nei cereali la vitamina è presente negli strati esterni della cariosside e nel germe, mentre i derivati dei cereali raffinati ne contengono quantità ridotte.

La niacina contenuta negli alimenti animali è maggiormente biodisponibile, mentre negli alimenti vegetali è presente in forma coniugata difficilmente assorbibile: la niacina presente nei cereali è assorbita infatti per circa il 30% (tale percentuale è aumentata però dal trattamento con alcali).

La carenza grave di niacina è responsabile della **pellagra**, una malattia da cui deriva la sigla *PP* (ovvero *Previene Pellagra*). La pellagra è caratterizzata da dermatite, alterazioni dell'apparato digerente e del sistema nervoso; se non curata porta a morte nel giro di pochi anni: per questo è chiamata anche *malattia delle quattro D*: dermatite, diarrea, demenza, morte (*death*).

La dermatite compare nelle zone esposte al sole, al calore o a stress meccanici (faccia, collo, mani, piedi, gomiti); i disturbi intestinali comprendono diarrea, vomito, infiammazione del cavo orale e delle mucose con difficoltà alla deglutizione; i sintomi neurologici comprendono cefalea, perdita di memoria, insonnia, aggressività e disturbi psichici fino alla demenza.

La pellagra era sconosciuta in Europa prima dell'importazione del mais dal Nuovo Mondo: i sintomi furono descritti per la prima volta nel 1735, ma solo nel 1920 fu stabilita la sua origine alimentare.

La pellagra, molto diffusa in passato tra le classi povere dell'Europa (soprattutto Spagna e Italia Settentrionale) e degli Stati Uniti sud-orientali (era endemica tra i raccoglitori di cotone), era dovuta ad un'alimentazione inadeguata, a base di mais e povera di proteine animali: in tal modo, da un lato l'apporto di triptofano, precursore della niacina, è scarso (le proteine del mais ne sono carenti) e, dall'altro, la niacina è presente nel mais in forma poco biodisponibile.

La pellagra era invece sconosciuta nelle popolazioni del Messico e dell'America Centrale, dove il mais era sì un'importante fonte alimentare, ma il pretrattamento della farina di mais con una soluzione alcalina (idrossido di calcio) nella preparazione della *tortilla*, aumentava la biodisponibilità della niacina.

Attualmente la pellagra è ancora presente in zone povere dell'Africa, dell'India e della Cina.

2.1.4 Acido pantotenico (B₅)

L'acido pantotenico, come costituente del **coenzima A** (uno dei più importanti coenzimi coinvolti nel metabolismo dei macronutrienti) e della **proteina trasportatrice di gruppi acile** (ACP), è coinvolta in molte reazioni che riguardano il ciclo di Krebs, il metabolismo degli acidi grassi, la sintesi e l'utilizzo dei corpi chetonici, la sintesi del colesterolo, la sintesi dell'emoglobina e di neurotrasmettitori (*acetilcolina*). Interviene inoltre nel metabolismo di specifici glucidi, di alcuni amminoacidi e di alcune proteine.

Questa vitamina è sensibile al calore, mentre è stabile all'aria e alla luce. Le perdite maggiori si verificano durante la lavorazione degli alimenti a livello industriale.

La carenza di acido pantotenico è molto rara perché questa vitamina è presente in molti alimenti ed è sintetizzata anche dalla flora batterica intestinale.

È infatti una vitamina ubiquitaria (da qui la radice del nome dal greco *pantos, dappertutto*) ed è ampiamente distribuita in tutti gli alimenti di origine sia animale sia vegetale.

Di conseguenza, la sua carenza è molto rara e, se presente, è associata a carenze nutrizionali multiple ed è quindi difficile identificare sintomi specifici.

La carenza specifica sembra provocare stanchezza, irritabilità, apatia, disturbi del sonno, alterazioni della coordinazione e disturbi gastrointestinali.

I livelli più elevati si hanno nelle **uova di pesce e** in particolare di muggine o cefalo (utilizzate per preparare la bottarga), nel fegato, nel tuorlo d'uovo, nel latte e derivati, nei pesci e nella carne. I **legumi** sono gli alimenti di origine vegetale che ne sono più ricchi.

2.1.5   Piridossina (B6)

È un coenzima coinvolto nel metabolismo del glicogeno, dei lipidi e soprattutto degli amminoacidi. Contribuisce alla respirazione cellulare, alla sintesi proteica, alla scissione del glicogeno in glucosio nel muscolo e nel fegato ed è coinvolta nella sintesi dell'emoglobina.

A livello cerebrale è coinvolta nella sintesi di neurotrasmettitori come la dopamina, la noradrenalina e la serotonina. Inoltre, è necessaria per la conversione del triptofano in niacina e partecipa insieme ad altre vitamine del gruppo B al metabolismo dell'omocisteina[14], regolandone i livelli nel plasma.

La carenza di questa vitamina non è molto frequente ed è spesso associata a deficit di altre vitamine del gruppo B e può anche dipendere dall'uso di alcuni **farmaci** o da condizioni di **alcolismo cronico.**

---

[14] L'omocisteina è un amminoacido che si forma a partire dall'amminoacido essenziale metionina, quando essa perde un gruppo metilico. L'aumento di omocisteina nel plasma (omonisteinemia) è considerato oggi un fattore di rischio cardiovascolare (www.medicitalia.it/dizionario-medico/omocisteina)

Si manifesta con dermatiti, anemia, nausea, vomito, depressione, irritabilità, convulsioni, e problemi immunitari. Lievi stati carenziali portano ad un aumento dell'omocisteina.

Questa vitamina è contenuta principalmente nelle **carni**, nel fegato, nel prosciutto crudo, nei **pesci grassi** (salmone, tonno) e, anche se in quantità molto più limitate, nelle farine di cereali integrali, nella frutta secca e nei legumi.

Alcuni alimenti come i cereali per la prima colazione possono essere arricchiti di questa vitamina.

La vitamina è sensibile alla luce; la quantità di vitamina assorbita dagli alimenti può essere ridotta da alcuni trattamenti tecnologici e dalla presenza di fibra alimentare.

2.1.6 Biotina (H o B₈)

La biotina (H) è un **coenzima** importante per il metabolismo glucidico, proteico e lipidico, coinvolto nel metabolismo degli amminoacidi, nella neoglucogenesi, nella formazione del glicogeno e nella sintesi degli acidi grassi. Sintetizzata anche dalla flora batterica intestinale, è presente in alimenti di origine animale e vegetale: i contenuti più elevati si trovano nel fegato, nel rene, nel **tuorlo d'uovo**, nel lievito di birra, nei vegetali di colore verde e nella frutta secca. Altre fonti alimentari sono carne, pesci e crostacei, cereali integrali e legumi.

Stati di carenza di biotina sono molto rari nella popolazione sana e sono osservabili solo in seguito a consumi elevati e prolungati di albume d'uovo crudo, che contiene **avidina** (*antivitamina H*), una proteina che lega la biotina, rendendola non disponibile all'assorbimento. La cottura dell'uovo denatura l'avdina, facendole perdere la sua attività antivitaminica. Carenza di biotina in presenza di una dieta normale si verifica in alcune rare malattie genetiche che comportano un ridotto assorbimento o una ridotta attività della vitamina: la sua carenza si manifesta con affaticamento, depressione, nausea, dermatiti e dolori muscolari, deficit delle difese immunitarie.

2.1.7 Folati (vitamina B₉ o acido folico)

I folati sono composti ad attività vitaminica sintetizzati dai vegetali e da alcuni microrganismi, indispensabili per la crescita e la divisione cellulare. Il termine **folati** si riferisce più precisamente alle forme vitaminiche naturalmente presenti negli alimenti, mentre il termine acido folico indica il composto di sintesi, che è presente nei supplementi vitaminici e negli alimenti fortificati (come, per esempio, i cereali da colazione) in quanto stabile al calore, all'ossidazione e maggiormente biodisponibile. I coenzimi derivanti dai folati sono coinvolti nel metabolismo della cosiddetta unità monocarboniosa, espressione che indica molecole costituite da un solo atomo di carbonio con diversi gradi di ossidazione (metile, metilene, metenile, formile).

La vitamina è coinvolta nel **metabolismo di alcuni amminoacidi** e nelle reazioni di sintesi e **riparazione degli acidi nucleici** (DNA e RNA). Ha un ruolo fondamentale nella formazione delle cellule del sangue (globuli rossi e bianchi) ed è particolarmente importante durante le diverse fasi dello sviluppo, per esempio durante l'**accrescimento fetale**. Durante la pubertà è importante anche per la sintesi delle cellule del sangue e della pelle.

La carenza di acido folico si manifesta lentamente e può interessare tutte le fasce di età; si tratta di una delle **ipovitaminosi** a maggiore diffusione ed è causata principalmente da apporti insufficienti rispetto ai fabbisogni o può essere secondaria a malassorbimento (come nella celiachia), assunzione cronica di alcol o a trattamenti farmacologici.

La principale manifestazione carenziale è l'**anemia**: si tratta di un'anemia macrocitica del tutto sovrapponibile a quella provocata dalla carenza di vitamina B_{12}. Apporti insufficienti di folati nelle fasi iniziali della gravidanza (in particolare nel primo mese) aumentano il rischio di malformazioni nel feto, in particolare di difetti dello sviluppo del sistema nervoso (spina bifida, anencefalia).

I folati sembrano anche svolgere un ruolo nella prevenzione di altre malformazioni congenite (labio e palatoschisi, difetti cardiaci), contribuendo anche ad un corretto accrescimento fetale. Per tale motivo l'apporto consigliato di acido folico è maggiore nelle donne sia in gravidanza sia in età fertile che sono interessate ad una eventuale gravidanza: infatti è necessario che i livelli di folati nell'organismo siano adeguati già in fase preconcezionale.

Stati carenziali di acido folico sembrano inoltre essere in rapporto con lo sviluppo di malattie cronico degenerative come le malattie cardio-cerebrovascolari, con il deterioramento cognitivo, con la demenza e con alcuni tumori. Una parte di questi effetti potrebbe essere legata all'aumento dei livelli di omocisteina che si verifica in caso di carenza di folati.

I folati si trovano sia negli alimenti di origine vegetale sia negli alimenti di origine animale. Contenuti elevati sono presenti nel **fegato** e nei reni, nonché nelle **carni**, nel tuorlo d'uovo e nel lievito di birra.

Negli alimenti di origine vegetale i folati sono presenti in particolare negli **asparagi**, nei broccoli, nei carciofi e negli spinaci; altre fonti alimentari importanti sono i **legumi freschi**, i cereali integrali, le arance, i kiwi e le fragole.

Il trattamento prolungato degli alimenti con il calore (come la bollitura prolungata) distrugge circa il 50-60% dei folati contenuti negli alimenti; la cottura a vapore consente invece di preservarne la maggior parte.

2.1.8   Cobalamina (B$_{12}$)

È una molecola complessa contenente uno **ione cobalto**. Questa vitamina funge da **coenzima** nel metabolismo degli amminoacidi e degli acidi grassi a numero dispari di atomi di carbonio; inoltre, partecipa al metabolismo dell'omocisteina insieme ad altre vitamine del gruppo B, alla sintesi degli acidi nucleici (DNA e RNA) e delle proteine con un ruolo importante nei processi di duplicazione cellulare, in particolare dei globuli rossi e delle cellule della mucosa intestinale. È necessaria per la formazione della mielina.

La vitamina B$_{12}$ è presente negli alimenti di origine animale in forma coenzimatica legata alle proteine; resa disponibile a livello gastrico per l'azione delle proteasi e dell'acido cloridrico, si lega a specifiche proteine salivari e alimentari ed è trasportata nel duodeno.

In questa sede la vitamina è liberata e quindi legata al **fattore intrinseco** (IF), una glicoproteina prodotta dalla mucosa gastrica. Il complesso vitamina-IF è assorbito dagli enterociti dell'ultimo tratto dell'ileo (*ileo distale*) dove la vitamina è legata alla *transcobalamina*[15], una proteina che passa nel sangue e trasporta la vitamina ai tessuti.

Le riserve totali di vitamina B_{12} nell'organismo sono di 2-3 mg e si trovano principalmente nel fegato e nel rene.

La carenza di vitamina B_{12} si manifesta lentamente, in quanto i depositi epatici garantiscono il fabbisogno per qualche anno.

La carenza di vitamina B_{12} si manifesta con l'**anemia perniciosa** (per tale motivo è definita anche *fattore antipernicioso*).

I sintomi clinici sono *anemia megaloblastica macrocitica*[16] identica a quella da carenza di folati, alterazioni neurologiche spesso irreversibili se non trattate tempestivamente per demielinizzazione delle fibre nervose del midollo spinale (parestesie, alterazioni dell'equilibrio, polinevriti fino all'atassia) e disturbi gastrointestinali (glossite, nausea, disturbi digestivi e dolori addominali).

---

[15] www.msdmanuals.com/it-it/professionale/disturbi-nutrizionali/carenza,-dipendenza-e-tossicità-vitaminica/carenza-di-vitamina-b12
[16] L'anemia megaloblastica macrocitica si manifesta con la presenza in circolo di globuli rossi di dimensioni superiori alla norma con arresto della maturazione dei globuli rossi (www.msdmanuals.com/it)

La carenza di vitamina B_{12}, che causa anche aumento dell'omocisteina plasmatica, è causata principalmente da assunzione alimentare insufficiente come nei vegani (vegetariani stretti che non assumono alimenti animali) o in presenza di malassorbimento, come si verifica dopo l'asportazione chirurgica dello stomaco o dell'ileo o in presenza di malattie dell'ileo distale (*morbo di Crohn*).

La vitamina B_{12} è sintetizzata in natura solo da alcuni microrganismi e dalle alghe. Le quantità maggiori si trovano nelle **frattaglie** (in particolare nel fegato) e contenuti discreti si trovano nel pesce, nei molluschi e nei crostacei, nel tuorlo d'uovo e nei **formaggi** (Parmigiano Reggiano in particolare).

La carne e il latte contengono quantità inferiori. È del tutto assente negli alimenti di origine vegetale (dove possono essere presenti piccole quantità provenienti da contaminazione microbica), ma è presente in alcuni tipi di alghe dove però la biodisponibilità varia a seconda della specie e può essere assai bassa.

Il 30 % della vitamina B_{12} può essere perso durante la cottura.

2.1.9 Vitamina C (acido ascorbico)

La vitamina C svolge numerose funzioni collegate al suo potere riducente: è facilmente ossidabile e previene la formazione di radicali più reattivi e dannosi, tanto da essere un potente antiossidante naturale. Interviene nelle reazioni enzimatiche che portano alla sintesi della carnitina, della noradrenalina, della tiroxina, degli ormoni peptidici e soprattutto del collagene, la proteina presente in maggiori quantità nel nostro organismo e costituente principale dei tessuti di sostegno (tendini, legamenti, cartilagini, ossa e denti). È quindi importante nel recupero e nella cicatrizzazione di ustioni, lesioni e ferite, nel mantenimento dell'integrità dei vasi sanguigni e della matrice di cartilagine, osso, dentina e derma, così come nei processi di accrescimento. La vitamina C partecipa anche ad importanti reazioni non enzimatiche:

- favorisce l'assorbimento intestinale del ferro non-eme;
- svolge nell'apparato digerente un'azione protettiva, impedendo la trasformazione dei nitriti presenti negli alimenti in nitrosamine composti potenzialmente cancerogeni;
- previene l'ossidazione delle lipoproteine e la perossidazione lipidica.

53

La carenza di vitamina C è dovuta principalmente ad assunzione alimentare inadeguata.

La carenza grave causa lo **scorbuto**[17], una malattia che inizialmente determina astenia, perdita di peso, dolori articolari e sanguinamento delle gengive; protratta nel tempo e non curata, provoca la formazione di ematomi soprattutto agli arti inferiori, emorragie multiple "a vaso integro" per fuoriuscita di sangue dai vasi, alterazione dei processi di cicatrizzazione per la difettosa formazione del collagene, perdita dei denti. Si tratta quindi di sintomi dipendenti dalla difettosa formazione della sostanza cementante intercellulare (collagene).

La vitamina C si trova principalmente negli alimenti di origine vegetale: è presente nella **verdura fresca** e nella **frutta**, in particolare nei peperoni, nei kiwi, negli agrumi, nelle fragole, nei pomodori, negli ortaggi a foglia verde, nel mango, nella papaia e nei cavoli.

---

[17] www.msdmanuals.com/it/casa/disturbi-alimentari/vitamine/carenza-di-vitamina-c

La concentrazione di vitamina varia molto in relazione alla varietà e alla *cultivar*, così come all'esposizione alla luce e al grado di maturazione: una rapida crescita in genere determina un maggior contenuto di vitamina C.

La conservazione e i trattamenti tecnologici dopo la raccolta determinano sempre perdite rilevanti di vitamina C.

La vitamina C è infatti molto instabile al calore ed è quasi completamente distrutta dalla cottura dei cibi (dal 50 % fino al 90%). Perdite più limitate si verificano se la cottura è effettuata rapidamente con poca acqua e in recipienti chiusi.

Lo sbollentamento (*blanching*) che precede la surgelazione, l'inscatolamento, l'essiccamento e la liofilizzazione determinano perdite medie del 25%.

Perdite importanti si verificano in seguito all'esposizione all'aria per lunghi periodi o durante la conservazione in recipienti di rame o in ambienti alcalini.

Relativamente non tossica, se assunta in eccesso, può forse aumentare il rischio di formazione di calcoli renali.

2.2 Le vitamine liposolubili
2.2.1   Vitamina A (retinolo)

La vitamina A comprende un gruppo di molecole liposolubili strutturalmente correlate (definite retinoidi) che possiedono l'attività biologica del retinolo. È essenziale per la visione, l'embriogenesi, la crescita, il normale sviluppo e differenziamento dei tessuti e la funzione immunitaria; svolge inoltre importanti funzioni antiossidanti.

La vitamina A in quanto tale è presente solo negli alimenti di origine animale, soprattutto nel fegato di animali terrestri e marini, nell'olio di fegato di merluzzo, nel burro, nel latte, nel **tuorlo d'uovo**. Negli alimenti vegetali, soprattutto nei loro pigmenti gialli e arancioni, sono presenti alcuni carotenoidi (alfa, beta, gamma) con attività **provitaminica**, che sono cioè precursori della vitamina A (provitamina A), trasformati dall'organismo umano in vitamina A dopo l'assorbimento.

Il carotenoide più diffuso e con maggior attività provitaminica è il **beta carotene**, che si trova nelle carote, nei pomodori, nei peperoni, nelle pesche, nelle albicocche, nel melone giallo, nel mango e nella papaia. Altri carotenoidi (luteina, zeaxantina e licopene) non svolgono invece attività provitaminica.

La vitamina A introdotta con la dieta può essere depositata nel fegato (il deposito principale), nel rene, nel polmone, nelle mucose dell'apparato respiratorio e del tratto gastrointestinale, nell'occhio, negli adipociti. La biodisponibilità del retinolo e dei carotenoidi dipende dalla quantità e dalla qualità dei lipidi presenti nell'alimentazione; la fibra alimentare, soprattutto le pectine, ne può ridurre l'assorbimento.

Il primo sintomo da **carenza** è un **deficit visivo** in ambienti scarsamente illuminati (cecità notturna o emeralopia). Se la carenza non è corretta, si manifestano danni oculari con secchezza della congiuntiva e della cornea e successivamente ulcerazioni della cornea (cheratomalacia[18]) fino alla completa distruzione della parte anteriore dell'occhio e alla cecità totale e irreversibile.

Il deficit di vitamina A è particolarmente frequente nei paesi del Terzo Mondo, dove è responsabile di un numero elevato di casi di cecità infantile.

La vitamina A è sensibile alla luce e all'aria; i carotenoidi sono stabili al calore.

---

[18] www.msdmanuals.com/it-it/professionale/disturbi-oculari/patologie-corneali/cheratomalacia

Ad alti dosaggi la vitamina A **è tossica** e responsabile di danni al fegato e dell'osso; in gravidanza apporti eccessivi di vitamina A producono malformazioni nel feto, in particolare nei primi mesi di gestazione.

L'ipervitaminosi A compare soprattutto per la somministrazione di supplementi o per un consumo eccessivo di alimenti estremamente ricchi di vitamina A (fegato, alimenti fortificati o arricchiti).

La supplementazione con vitamina A e beta carotene, singolarmente o in combinazione anche ad altre vitamine, non ha alcun effetto protettivo nella prevenzione delle malattie cronico-degenerative, anzi in alcuni casi sembra determinare un aumento della mortalità.

I **fabbisogni** di vitamina A sono espressi come microgrammi retinolo equivalenti (mg RE) in considerazione della diversa attività biologica delle diverse forme di vitamina A: un microgrammo di RE corrisponde a 6 mg di beta carotene e 12 mg degli altri carotenoidi provitaminici.

2.2.2 Vitamina D (calciferolo)

La vitamina D (**fattore antirachitico**) è indispensabile per mantenere un'adeguata mineralizzazione dello scheletro attraverso il controllo delle concentrazioni nel sangue di calcio e fosforo; inoltre, svolge importanti funzioni di regolazione dell'espressione genica, con effetti molteplici in diversi tipi di cellule.

La vitamina D è un micronutriente dalle caratteristiche peculiari: infatti, la copertura dei suoi fabbisogni può essere indipendente dall'alimentazione. Il suo precursore, il 7-deidrocolesterolo, è sintetizzato dall'organismo a partire dal colesterolo e trasformato nella pelle a provitamina D per effetto delle radiazioni ultraviolette B della luce solare. Per questo motivo, oltre all'assunzione attraverso gli alimenti, per evitare stati carenziali è necessaria un'adeguata **esposizione alla luce solare**: alle latitudini temperate e per una normale esposizione al sole solo il 20% della vitamina proviene dagli alimenti.

Con il termine di vitamina D ci si riferisce sia al colecalciferolo sia all'ergocalciferolo: le due forme hanno medesima attività nell'uomo e, di conseguenza, sono chiamate comunemente vitamina D.

Il colecalciferolo (o **vitamina D₃**) è abbondante nel **fegato di alcuni pesci** come il merluzzo, ma si trova anche nello sgombro, nell'aringa, nel salmone, nelle sardine, nel tuorlo d'uovo, nel latte intero, nel burro e nel fegato.

L'ergocalciferolo (o **vitamina D₂**) si forma nei lieviti e nelle piante per esposizione alla luce solare a partire da uno sterolo vegetale, l'ergosterolo.

Le vitamine D_2 e D_3 sono attivate a livello epatico e renale nella forma metabolicamente attiva (calcitriolo), che regola l'assorbimento del calcio e del fosforo nelle ossa e nell'intestino. Oltre a intervenire nell'assorbimento di calcio e fosforo, la vitamina D è fondamentale nei processi di ossificazione ed è importante per il mantenimento del trofismo dell'apparato muscolare.

La **carenza** di vitamina D può essere dovuta a fattori diversi: invecchiamento, pigmentazione cutanea, mancata esposizione alla luce del sole, malassorbimento intestinale. Ha effetti sfavorevoli sulla salute a partire da quanto si verifica a carico dell'apparato muscolo-scheletrico: altera infatti il metabolismo del calcio e del fosforo.

Conseguenza del deficit protratto è l'inadeguata mineralizzazione dello scheletro con deformazioni ossee e dolori ossei: caratteristico dell'età infantile è il **rachitismo**[19] (che verificandosi su un osso in accrescimento provoca deformazioni del cranio, della gabbia toracica e delle ossa lunghe degli arti inferiori), mentre nell'adulto si verifica decalcificazione ossea con insorgenza di **osteomalacia** (a carico principalmente delle ossa del bacino) e **osteoporosi**. A carico del sistema muscolare una marcata ipovitaminosi può provocare astenia muscolare con miopatia, riduzione della massa muscolare (*sarcopenia*) e deficit di forza.

Al di fuori dell'apparato muscolo-scheletrico la vitamina D svolge un ruolo nella prevenzione delle malattie cardiovascolari e, probabilmente, di alcuni tipi di tumore.

L'**ipervitaminosi D** è dovuta ad assunzione inappropriata di dosi estremamente elevata di vitamina D e non si verifica con la semplice alimentazione e/o con l'esposizione alla luce solare. Determina nausea, diarrea, perdita di peso, ridotta funzionalità renale e calcificazioni renali e nei tessuti molli.

---

[19] www.msdmanuals.com/it-it/professionale/searchresults?query=rachitismo

2.2.3 Vitamina E (tocoferolo)

Con il termine vitamina E si indicano una serie di otto omologhi distinti in due gruppi (tocoferoli e tocotrienoli), tra i quali il più importante è l'α-tocoferolo. Data la presenza di differenti forme, le quantità di vitamina E possono essere espresse come l'α-tocoferolo equivalenti (α-TE).

La sua funzione principale è quella **antiossidante** in quanto protegge gli acidi grassi polinsaturi presenti nei fosfolipidi di membrana e nelle lipoproteine plasmatiche dai fenomeni di perossidazione bloccando la propagazione delle reazioni a catena innescate dai radicali liberi. La forma ossidata della vitamina E può essere rigenerata da altri antiossidanti come la vitamina C e il glutatione.

Inoltre, la vitamina E è coinvolta nella modulazione di alcuni enzimi e nella regolazione dell'espressione di alcuni geni coinvolti nella regolazione del ciclo cellulare, nella crescita cellulare e nell'infiammazione.

Carenze di vitamina E sono piuttosto rare, perché l'alimentazione ne fornisce quantità adeguate.

Fenomeni carenziali si possono osservare in soggetti con malattie genetiche, con malassorbimento lipidico e con grave mal nutrizione: segni di carenza sono neuropatie periferiche, malattie muscolari e della retina.

È fondamentale ricordare però che la vitamina E è sensibile al calore, alla luce e all'aria. I processi di trasformazione degli alimenti (soprattutto la frittura e la cottura al forno) e la conservazione possono comportare perdite rilevanti: le perdite durante i processi di raffinazione, deodorazione, sbiancamento e idrogenazione degli oli possono arrivare fino all'80%.

Questa vitamina si trova principalmente nei **semi** e negli oli da essi derivati: cereali (germe di grano), oli vegetali (oli di semi e olio di oliva), frutta secca (anacardi, noci, nocciole, mandorle); quantità minori sono contenute nell'avocado e nel burro.

Anche se osservazioni epidemiologiche e studi su animali suggeriscono un effetto protettivo della vitamina E su varie patologie correlate allo stress ossidativo (come tumori e malattie cardiovascolari) al momento non vi è indicazione all'uso di supplementi di vitamina E o suoi analoghi nella popolazione sana ai fini della prevenzione delle malattie cronico-degenerative.

2.2.4 Vitamina K (naftochinone)

Per vitamina K si intende una serie di composti quali il fillochinone (vitamina K_1, di origine vegetale) e i menachinoni (vitamina K_2, di origine batterica); il menadione (vitamina K_3) è invece un prodotto sintetico utilizzato a scopo farmacologico.

La vitamina K agisce come cofattore di alcuni enzimi coinvolti nella sintesi dei fattori della **coagulazione del sangue (fattore antiemorragico)**; inoltre, interviene nella regolazione del metabolismo dell'osso e sembra svolgere un ruolo nella prevenzione delle malattie cardiovascolari.

La carenza di vitamina K nell'adulto è molto rara e dovuta soprattutto a trattamenti prolungati con antibiotici o a malassorbimento o a malattie del fegato. Si manifesta in genere con una tendenza ad emorragie a causa della mancata attivazione di alcuni fattori della coagulazione.

Una categoria a particolare rischio di carenza è rappresentata dai neonati perché nelle prime fasi di vita l'intestino è sterile e la vitamina K non attraversa facilmente la placenta. Stati carenziali di questa vitamina potrebbero contribuire all'insorgenza dell'osteoporosi.

Un'alimentazione normale è sufficiente a soddisfare il fabbisogno di vitamina K, considerando che essa è sintetizzata, almeno parzialmente, dalla flora batterica intestinale ed assorbita attraverso la mucosa del colon.

I dati disponibili sui livelli di questa vitamina contenuti negli alimenti sono limitati perché la sua determinazione è molto difficile. Ne sono comunque ricchi i **vegetali a foglia verde** (spinaci e lattuga), broccoli e cavoli, ma anche i cereali, gli oli vegetali, la carne e i prodotti lattiero caseari.

L'assunzione di alimenti contenenti vitamina K deve essere tenuta sotto controllo nei soggetti che assumono terapie con anticoagulanti orali.

3. I micronutrienti: i sali minerali

Vengono definite nutrienti le sostanze alimentari che servono all'organismo per svilupparsi e mantenere nel tempo uno stato di buona salute. A fianco dei più conosciuti macronutrienti (carboidrati, proteine e grassi o lipidi), sono presenti i **micronutrienti**[20], così chiamati perché il corpo ne ha bisogno solo in piccole quantità. Essi giocano un ruolo essenziale nella regolazione delle funzioni dell'organismo poiché sono coinvolti nella produzione di enzimi, ormoni e altre sostanze che aiutano a regolare il metabolismo, la crescita, l'attività, lo sviluppo e il funzionamento di organi e sistemi. Fanno parte di questo gruppo di nutrienti le vitamine, i minerali e gli oligoelementi (ferro, zinco, selenio, manganese), capaci di incidere sullo stato di salute della persona.

L'organismo ha bisogno di sette elementi principali: calcio, magnesio, sodio, potassio, fosforo (fosfati), zolfo e cloro (cloruri). Poiché devono essere introdotti in quantità maggiori rispetto agli altri, sono definiti **macroelementi**.

---

[20] www.issalute.it/index.php/la-salute-dalla-a-alla-z-menu/m/minerali-e-oligoelementi

Altri sette sono necessari in quantità minori e sono definiti **oligoelementi o microelementi**: ferro, rame, cobalto, manganese, molibdeno, iodio, selenio e zinco.

Infine, nei tessuti sono presenti elementi come fluoro, boro, alluminio, cadmio e cromo, di cui sono ancora poco note le funzioni.

Poiché con lo svolgimento delle normali funzioni dell'organismo (processi fisiologici) parte di questi elementi viene persa giornalmente, è importante introdurne con la dieta le giuste quantità, in modo che il bilancio tra entrate e uscite sia sempre in equilibrio.

Una dieta sufficientemente variata e ben equilibrata assicura un apporto di minerali adeguato al fabbisogno individuale.

La loro principale funzione è quella regolatoria e di supporto per le diverse attività che l'organismo svolge quotidianamente.

I **sali minerali**[21] sono sostanze inorganiche che, pur rappresentando complessivamente solo il 6,2% del peso corporeo, svolgono funzioni essenziali per la vita dell'uomo:

---

[21] www.epicentro.iss.it/sali/

partecipano infatti ai processi cellulari come la formazione di denti e ossa, sono coinvolti nella regolazione dell'equilibrio idrosalino, nell'attivazione di numerosi cicli metabolici e costituiscono fattori determinanti per la crescita e lo sviluppo di tessuti e organi.

A differenza di carboidrati, lipidi e proteine, i sali minerali non forniscono direttamente energia, ma la loro presenza permette di realizzare proprio quelle reazioni che liberano l'energia di cui abbiamo bisogno.

Gli esseri viventi non sono in grado di sintetizzare autonomamente alcun minerale: i sali vengono assimilati attraverso l'acqua e gli alimenti, oppure sotto forma di condimento aggiunto al cibo, come il sale da cucina.

Ai fini di una dieta corretta, bisogna tener conto che la quantità di sali minerali introdotta nel nostro organismo spesso non coincide con quella "biodisponibile", e cioè con la quota che viene effettivamente assorbita e metabolizzata.

Diversamente dalle vitamine, i sali minerali non si alterano né si disperdono durante la cottura o il riscaldamento degli alimenti, anche se in parte possono sciogliersi nell'acqua utilizzata per la cottura.

Rispetto ad altre sostanze vitali (lipidi, proteine e carboidrati in particolare), il fabbisogno giornaliero di sali minerali è minimo. Ma, dal momento vengono continuamente eliminati con il sudore, le urine e le feci, devono essere assunti con una corretta ed equilibrata alimentazione.

In base al fabbisogno, i sali minerali possono essere suddivisi in:

> macroelementi: sono presenti nell'organismo in quantità discrete. Il fabbisogno giornaliero è dell'ordine dei grammi o dei decimi di grammo. Fanno parte di questa classe il calcio, il fosforo, il magnesio, il sodio, il potassio, il cloro e lo zolfo.

> oligoelementi[22] o microelementi: sono presenti solo in tracce nell'organismo e il fabbisogno giornaliero va da qualche microgrammo ad alcuni milligrammi. Svolgono funzioni biologiche importanti.

---

[22] www.epicentro.iss.it/sali/oligoelementi

Gli oligoelementi (**Fig. 9**) si possono suddividere in:

- essenziali, la cui carenza compromette funzioni fisiologiche vitali (ferro, rame, zinco, fluoro, iodio, selenio, cromo, cobalto);
- probabilmente essenziali (manganese, silicio, nichel, vanadio);
- potenzialmente tossici, in quanto possono provocare gravi danni all'organismo se presenti ad alte concentrazioni.

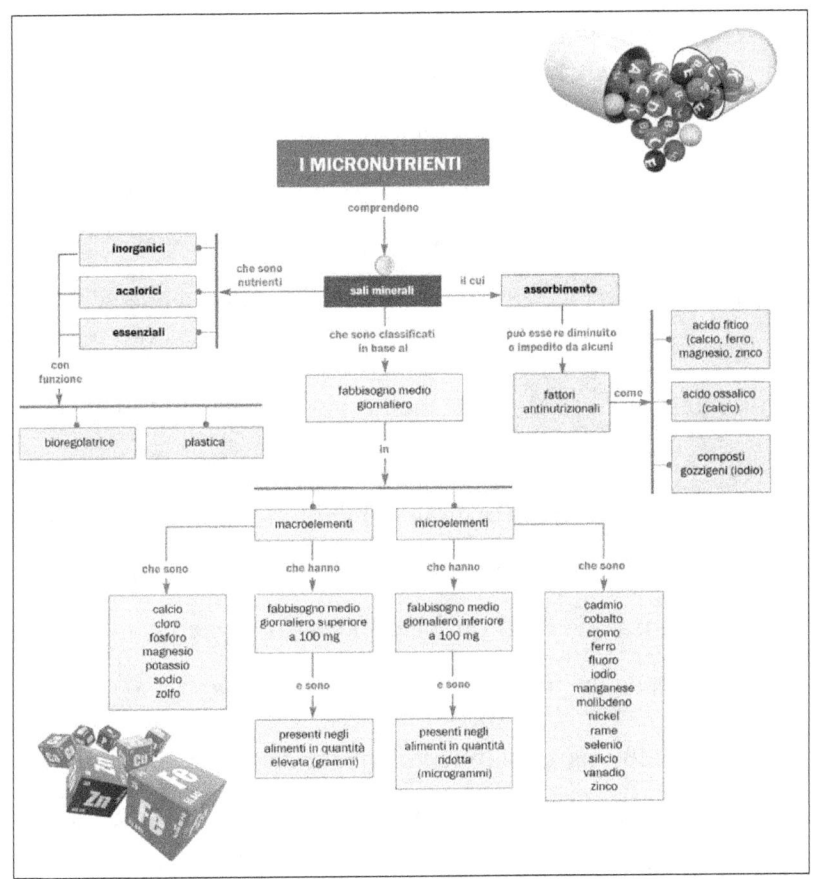

Fig. 9

3.1 I macroelementi[23]
3.1.1   Calcio (Ca)

Molto diffuso in natura, il calcio è il minerale più presente nel corpo umano: il contenuto di calcio nell'adulto è di circa 900-1300 g costituendo l'1,5-2% del peso corporeo; per il 99% si trova sotto forma di fosfato e carbonato di calcio nello scheletro e nei denti, ai quali conferisce le peculiari proprietà meccaniche di resistenza e rigidità; il rimanente 1% si trova nel sangue e nei liquidi extracellulari, nei muscoli e negli altri tessuti. Il calcio è necessario per la **coagulazione del sangue**; inoltre, è coinvolto nella contrazione muscolare, nella regolazione del tono vasale, nella trasmissione dell'impulso nervoso e nella secrezione ormonale, nonché nella moltiplicazione cellulare.

Non essendo particolarmente abbondante negli alimenti, rappresenta un **micronutriente critico** in tutte le età della vita. Il bilancio del calcio nell'organismo è condizionato dal suo assorbimento intestinale e dall'eliminazione con le feci, le urine e attraverso altre vie (cute e annessi, sudore). Per l'assorbimento del calcio contenuto negli alimenti è necessaria la **vitamina D** che, insieme a ormoni come il paratormone e la calcitonina,

---

[23] ALMA (2015). Scienza e cultura dell'alimentazione, Edizioni Alma-Plan. Contenuto digitale.

regola i livelli di questo **macroelemento** nel sangue (10 mg/dl). La quota di calcio assorbita rispetto a quanto assunto con la dieta (definita *assorbimento frazionale*) diminuisce molto all'aumentare dell'assunzione del minerale, è più elevata nei primi anni di vita raggiungendo il 60% nei neonati allattati al seno (favorita dalla presenza del lattosio), aumenta durante la pubertà e la gravidanza, mentre si riduce con la menopausa e l'età avanzata; nell'età adulta è pari in media al 25-30%.

La **biodisponibilità** del calcio è influenzata, oltre che da fattori ormonali (vitamina D ed estrogeni) e genetici, anche dal tipo di alimenti presenti nella dieta. Per essere assorbito il calcio deve essere in forma solubile o legato a molecole organiche solubili, mentre l'assorbimento si riduce se esso è sotto forma di sali insolubili o complessato con altre molecole.

L'assorbimento del calcio è favorito dalla contemporanea presenza di lattosio, proteine del latte, inulina, frutto-oligosaccaridi (FOS) e galateo-oligosaccaridi (GOS). **Fattori inibenti** sono l'acido ossalico (presente in spinaci, crescione, bietola, pomodori, cioccolato), l'acido fitico (presente in cereali integrali, legumi, frutta secca con guscio) e gli acidi ironici (presenti soprattutto nella frutta), tutti in grado di legare il calcio riducendone solubilità e biodisponibilità. Alcuni composti insolubili come i fitati potrebbero essere degradati dal microbiota intestinale del colon, rendendolo pertanto disponibile per l'assorbimento in quel tratto dell'intestino.

Nel complesso l'assorbimento frazionale è elevato (30-40%) per i prodotti lattiero-caseari e le Brassicaceae (broccoli, cavoli), minore per i legumi (15-20%) e basso per gli spinaci (5%). Nel sangue il 45% del calcio è in forma ionizzata, un altro 45% è legato a proteine (in particolare albumina) mentre il rimanente 10% circola in combinazione con fosfato, citrato, carbonato e solfato. Le perdite di calcio dall'organismo avvengono principalmente attraverso le feci (circa il 75% del totale), dove si trova sia la quota non assorbita del calcio alimentare (legata ad acidi biliari, acidi grassi liberi, acido ossalico) sia la quota endogena proveniente dalle secrezioni intestinali e dall'esfoliazione delle cellule della mucosa. Oltre alle perdite attraverso le urine (attraverso meccanismi di controllo che giocano un ruolo centrale nel controllo del bilancio del calcio), una parte di calcio difficilmente valutabile va persa con il sudore, i capelli e la desquamazione della cute. Le proteine, il sodio e la caffeina favoriscono l'eliminazione del calcio attraverso i reni.

I livelli circolanti di calcio ionizzato devono sempre essere mantenuti in uno stretto intervallo fisiologico per garantire l'integrità strutturale e funzionale delle cellule; inoltre, la modulazione del bilancio del calcio è indispensabile per preservare la salute dell'osso. Il calcio delle ossa (non quello dei denti) ha una funzione strutturale ma serve anche da riserva del minerale ed è mobilizzabile secondo le esigenze dell'organismo: lo scheletro è infatti soggetto ad un continuo rimodellamento secondario alla sua distruzione e alla sintesi di nuovo osso. **Rachitismo** e **osteomalacia** sono ricollegabili prevalentemente alla carenza di vitamina D, ma possono manifestarsi anche in caso di carenza di calcio, in genere secondaria a malassorbimento.

La carenza di calcio prolungata nel tempo, se registrata nei bambini, causa il **rachitismo** (con deficit di mineralizzazione dell'osso, responsabile di deformazioni più evidenti delle ossa sottoposte a carico meccanico come quelle degli arti inferiori); nei soggetti adulti può determinare invece l'**osteomalacia**, nella quale il deficit di mineralizzazione si manifesta a carico di uno scheletro già maturo e, quindi, non si verificano deformità ma fratture. L'**osteoporosi** è una malattia dello scheletro contraddistinta da una ridotta densità minerale dell'osso che può indurre fragilità ossea e predisporre, quindi, a fratture, che spesso sono attribuibili a traumi di modesta entità: anche in questo caso intervengono sia il calcio sia la vitamina D.

Il calcio sembra coinvolto anche nella prevenzione delle malattie cardiovascolari e di alcuni tumori. Nell'individuo sano è praticamente impossibile raggiungere apporti elevati di calcio con la dieta tali da determinare fenomeni di tossicità: assunzioni eccessive possono invece dipendere dall'uso improprio di integratori. Apporti molto elevati sembrano inibire l'assorbimento intestinale di altri minerali, come il ferro e lo zinco.

Il calcio è contenuto principalmente nel latte e nei prodotti derivati (yogurt, formaggi e latticini) con differenze legate al metodo di produzione e alla stagionatura (contenuti più elevati nei formaggi stagionati rispetto a quelli freschi), ma anche in alcuni prodotti ittici (acciughe, polpo e calamari, crostacei); nella carne e negli alimenti di origine vegetale il contenuto è più limitato, con l'eccezione dei legumi secchi, della frutta secca oleosa e di alcune verdura a foglia; un'altra fonte di calcio è rappresentata dalle acque sia imbottigliate sia del rubinetto, ma con grandi variazioni.

3.1.2   Cloro (Cl)

È il principale anione dei fluidi extracellulari. Svolge un ruolo importante nella regolazione del bilancio idro-elettrolitico, della pressione osmotica e del pH del sangue e nella contrazione muscolare.

È inoltre il principale anione del succo gastrico, nel quale si trova sotto forma di acido cloridrico.

Le **fonti alimentari** di cloro sono vegetali, frutta e, soprattutto, il sale aggiunto nei prodotti trasformati e aggiunto a tavola o in cucina.

Un deficit alimentare di cloro in individui sani è estremamente improbabile.

3.1.3 Fosforo (P)

È un costituente fondamentale del tessuto osseo e dei denti ed entra nella composizione di acidi nucleici (DNA e RNA), molecole energetiche (ATP, ADP, creatin-fosfato) e fosfoli- pidi delle membrane cellulari e della mielina; inoltre, svolge importanti funzioni nell'ambito del metabolismo intermedio e nella regola- zione dell'equilibrio acido-base.

Poiché il fosforo è un costituente essenziale di tutte le cellule animali e vegetali, tutti gli alimenti lo apportano, anche se in quantità variabile, e una dieta varia ed equilibrata è quindi in grado di soddisfare facilmente il fabbisogno di fosforo delle diverse fasce di popolazione.

Le principali fonti alimentari sono cereali, farine integrali, uova, legumi, pesce, latte e formaggi, carne. Altre fonti di fosforo sono gli alimenti trasformati contenenti sali di fosforo (come le bevande che contengono acido fosforico) e gli integratori alimentari.

Stati di **carenza** riconducibili esclusivamente ad un insufficiente apporto alimentare sono estremamente rari negli individui sani.

3.1.4 Magnesio (Mg)

È un catione intracellulare ubiquitario nel corpo umano, critico per il mantenimento del potenziale di membrana delle cellule muscolari e per la trasmissione degli impulsi nervosi; è inoltre il cofattore di più di 300 enzimi svolgendo un ruolo essenziale nella sintesi dei lipidi, delle proteine, degli acidi nucleici, nella glicolisi e nei processi di trasporto di membrana energia-dipendenti.

Il magnesio è presente in quasi tutti gli alimenti in concentrazioni variabili: le quantità maggiori si trovano nei legumi, nella frutta secca a guscio, nei cereali integrali (più dell'80% è rimosso dai trattamenti di raffinazione dei cereali) e nel caffè; quantità minori si trovano nelle verdure a foglia, nella frutta fresca, nelle patate e negli alimenti di origine animale.

La concentrazione nelle acque è molto variabile a seconda della sua origine.

Data l'ampia distribuzione negli alimenti un deficit alimentare di magnesio è assai improbabile in individui sani.

3.1.5 Potassio (K)

Il potassio è il principale catione intracellulare (dove è contenuto circa il 98% del potassio corporeo); si trova soprattutto nei muscoli e nello scheletro.

Il potassio svolge un ruolo fondamentale in molti processi fisiologici: entra nella regolazione del potenziale di membrana delle cellule e, quindi, nella regolazione della funzione di nervi e muscoli ed è anche coinvolto nella regolazione dell'equilibrio acido-base e della pressione arteriosa.

Il potassio è presente in quantità variabili in tutti gli alimenti, principalmente in quelli freschi non sottoposti a trattamenti tecnologici di conservazione quali frutta, verdura e carni; altre fonti importanti sono le patate, i legumi, la frutta secca (uvetta, prugne) e oleosa (olive, pinoli, arachidi, noci), cereali e derivati, latte e latticini. Anche cioccolato e derivati sono fonti di potassio.

Data l'ampia diffusione del potassio un deficit alimentare è assai improbabile negli individui sani; una **carenza** di potassio può verificarsi in caso di perdite eccessive per via gastroenterica (vomito prolungato, diarrea cronica, abuso di lassativi) o urinaria (uso di farmaci diuretici, alcune malattie renali): il deficit di potassio si manifesta con stanchezza muscolare, nausea, sonnolenza, ma può anche originare aritmie cardiache che possono portare alla morte.

Un insufficiente apporto alimentare può determinare invece un aumento del rischio cardiovascolare. In individui sani non sono noti effetti tossici legati all'assunzione di elevate quantità di potassio alimentare, ma in alcune situazioni patologiche (malattie renali e cardiache gravi) l'assunzione elevata di potassio, anche sotto forma di sostituti del sale a base di potassio, può determinare gravi conseguenze sulla salute.

3.1.6 Sodio (Na)

Il sodio è il principale catione extracellulare ed è fondamentale per il mantenimento dell'omeostasi cellulare e nella regolazione del bilancio idro-elettrolitico e della pressione arteriosa; esercita un'azione osmotica che lo rende determinante per il mantenimento del volume dei fluidi extracellulari ed è anche importante per il mantenimento del potenziale di membrana cellulare e, quindi, per l'eccitabilità delle cellule muscolari e nervose, per l'assorbimento intestinale dei nutrienti e per il trasporto di nutrienti e substrati attraverso le membrane cellulari. Il sodio è presente in piccole quantità negli alimenti naturali non trasformati quali frutta, verdura (con l'eccezione di alcuni ortaggi quali carote, sedano, ravanelli e carciofi che ne contengono quantità maggiori), oli, cereali, legumi freschi e secchi, carni, latte e pesci (quantità elevate sono presenti in alcuni molluschi). La principale fonte di sodio è costituita dal **cloruro di sodio** (*sale*) aggiunto nei prodotti trasformati e aggiunto in cucina e a tavola: le principali fonti di sodio introdotto con la dieta sono infatti rappresentate dagli alimenti trasformati: carni e pesce conservati (salame, bresaola, speck, salmone affumicato) i formaggi, gli alimenti in scatola, le salse come la salsa di soia e il ketchup, i cibi pronti.

Il sale da cucina è composto per il 40% di Na e per il 60 % di cloruro (quindi 1 g di Na corrisponde a 2,5 g di sale e 1 g di sale corrisponde a 0.4 g di Na).

Il sale è utilizzato nelle tecnologie alimentari come conservante, per conferire il sapore salato, per migliorare le qualità organolettiche del prodotto, come esaltatore di gusto, per correggere aromi non gradevoli e per evitare il raggrinzimento del prodotto per la sua capacità di trattenere l'acqua.

Il sale (e quindi il sodio) introdotto con la dieta può essere *discrezionale*, cioè aggiunto come sale da cucina durante la preparazione dei cibi o a tavola, e *non discrezionale*, cioè già contenuto "naturalmente" negli alimenti, più quello aggiunto nei processi industriali. Nella quantificazione del consumo di sodio non bisogna tener conto solo della percentuale di sodio in un alimento ma anche della porzione e della frequenza di consumo. Nell'alimentazione italiana le **fonti di sodio non discrezionale** sono soprattutto i cereali e derivati (42%) in quanto normalmente ne sono consumate porzioni maggiori con frequenza maggiore, seguiti da carni, uova e pesce (31%) e latte e derivati (21%), mentre frutta e verdura apportano circa il 5%. Il pane di per sé non è un alimento salato ma essendo consumato tutti i giorni e in quantità elevata apporta più sale rispetto ad altri alimenti (formaggi, insaccati, patatine fritte, dadi da brodo, salse) che ne contengono percentuali maggiori ma sono consumati più raramente e in quantità minori.

L'alimentazione dell'uomo preistorico, a base di prodotti della caccia, di frutta e vegetali freschi, conteneva non più di 230 mg di sodio al giorno, pari a circa 0,6 g di sale. In seguito il crescente uso di sale, prima come conservante degli alimenti e poi come esaltatore di sapidità, ha portato ad un progressivo aumento dei consumi e allo sviluppo dell'attuale preferenza per i cibi salati. Il consumo di sale oggi è notevolmente più elevato rispetto alla dieta paleolitica e risulta intorno agli 8- 12 g al giorno con valori anche più elevati in molti Paesi asiatici (più di 20 g in Giappone); tali quantità, decisamente superiori al fabbisogno, rappresentano un fattore di rischio per numerose patologie croniche. L'eccesso di sodio alimentare, insieme all'insufficiente apporto di potassio, contribuisce all'aumento di prevalenza dell'ipertensione arteriosa, con il conseguente aumento di morbilità e mortalità cardio-cerebro-vascolare.

L'eccesso di sale e i prodotti conservati sotto sale aumentano il rischio di cancro gastrico. L'elevata assunzione di sale, aumentando la perdita di calcio nelle urine, favorisce anche lo sviluppo di osteoporosi. Anche le indagini condotte in Italia evidenziano che il consumo di sale è largamente eccedente rispetto alle raccomandazioni OMS (5 g al giorno di sale o 2 g di sodio negli adulti) e non si è modificato negli ultimi 20 anni, con consumi elevati anche nei bambini e negli adolescenti.

Il sodio è il principale catione extracellulare ed è fondamentale per il mantenimento dell'omeostasi cellulare e nella regolazione del bilancio idro-elettrolitico e della pressione arteriosa; esercita un'azione osmotica che lo rende determinante per il mantenimento del volume dei fluidi extracellulari ed è anche importante per il mantenimento del potenziale di membrana cellulare e, quindi, per l'eccitabilità delle cellule muscolari e nervose, per l'assorbimento intestinale dei nutrienti e per il trasporto di nutrienti e substrati attraverso le membrane cellulari. Il sodio è presente in piccole quantità negli alimenti naturali non trasformati quali frutta, verdura (con l'eccezione di alcuni ortaggi quali carote, sedano, ravanelli e carciofi che ne contengono quantità maggiori), oli, cereali, legumi freschi e secchi, carni, latte e pesci (quantità elevate sono presenti in alcuni molluschi).

La principale fonte di sodio è costituita dal **cloruro di sodio** (*sale*) aggiunto nei prodotti trasformati e aggiunto in cucina e a tavola: le principali fonti di sodio introdotto con la dieta sono infatti rappresentate dagli alimenti trasformati: carni e pesce conservati (salame, bresaola, speck, salmone affumicato), i formaggi, gli alimenti in scatola, le salse come la salsa di soia e il ketchup, i cibi pronti.

Il sale da cucina è composto per il 40% di Na e per il 60 % di cloruro (quindi 1 g di Na corrisponde a 2,5 g di sale e 1 g di sale corrisponde a 0.4 g di Na).

Il sale è utilizzato nelle tecnologie alimentari come conservante, per conferire il sapore salato, per migliorare le qualità organolettiche del prodotto, come esaltatore di gusto, per correggere aromi non gradevoli e per evitare il raggrinzimento del prodotto per la sua capacità di trattenere l'acqua. Il sale (e quindi il sodio) introdotto con la dieta può essere *discrezionale*, cioè aggiunto come sale da cucina durante la preparazione dei cibi o a tavola, e *non discrezionale*, cioè già contenuto "naturalmente" negli alimenti, più quello aggiunto nei processi industriali.

Nella quantificazione del consumo di sodio non bisogna tener conto solo della percentuale di sodio in un alimento ma anche della porzione e della frequenza di consumo.

Nell'alimentazione italiana le **fonti di sodio non discrezionale** sono soprattutto i cereali e derivati (42%) in quanto normalmente ne sono consumate porzioni maggiori con frequenza maggiore, seguiti da carni, uova e pesce (31%) e latte e derivati (21%), mentre frutta e verdura apportano circa il 5%. Il pane di per sé non è un alimento salato ma essendo consumato tutti i giorni e in quantità elevata apporta più sale rispetto ad altri alimenti (formaggi, insaccati, patatine fritte, dadi da brodo, salse) che ne contengono percentuali maggiori ma sono consumati più raramente e in quantità minori.

L'alimentazione dell'uomo preistorico, a base di prodotti della caccia, di frutta e vegetali freschi, conteneva non più di 230 mg di sodio al giorno, pari a circa 0,6 g di sale. In seguito il crescente uso di sale, prima come conservante degli alimenti e poi come esaltatore di sapidità, ha portato ad un progressivo aumento dei consumi e allo sviluppo dell'attuale preferenza per i cibi salati. Il consumo di sale oggi è notevolmente più elevato rispetto alla dieta paleolitica e risulta intorno agli 8- 12 g al giorno con valori anche più elevati in molti Paesi asiatici (più di 20 g in Giappone); tali quantità, decisamente superiori al fabbisogno, rappresentano un fattore di rischio per numerose patologie croniche. L'eccesso di sodio alimentare, insieme all'insufficiente apporto di potassio, contribuisce all'aumento di prevalenza dell'ipertensione arteriosa, con il conseguente aumento di morbilità e mortalità cardio-cerebro-vascolare. L'eccesso di sale e i prodotti conservati sotto sale aumentano il rischio di cancro gastrico. L'elevata assunzione di sale, aumentando la perdita di calcio nelle urine, favorisce anche lo sviluppo di osteoporosi. Anche le indagini condotte in Italia evidenziano che il consumo di sale è largamente eccedente rispetto alle raccomandazioni OMS (5 g al giorno di sale o 2 g di sodio negli adulti) e non si è modificato negli ultimi 20 anni, con consumi elevati anche nei bambini e negli adolescenti. È possibile ridurre il consumo medio di sale nella popolazione utilizzando diversi tipi di interventi, quali la produzione di linee guida per un'alimentazione a basso contenuto di sodio, le campagne di informazione e di educazione dei cittadini, il miglioramento del sistema di etichettatura, l'applicazione di speciali marchi che evidenzino gli alimenti a basso contenuto di sodio, l'interazione con l'industria per la produzione di **prodotti**

iposodici e per una riduzione del contenuto di sodio degli alimenti prodotti, la **riduzione del contenuto del sale** utilizzato per la preparazione del pane, l'accordo con il sistema della ristorazione e del catering in favore della crescente disponibilità di alimenti e menu iposodici, il monitoraggio regolare del contenuto di sodio dei prodotti in commercio. Poiché nella maggior parte dei Paesi sviluppati quasi l'80% dell'apporto di sodio è proveniente da alimenti trasformati, sono indispensabili la collaborazione e la regolamentazione del settore dell'industria alimentare.

Un deficit alimentare di sodio è estremamente improbabile in soggetti sani: tuttavia una carenza importante di sodio si può verificare sia in caso di intensa e prolungata sudorazione per attività fisica o lavorativa in situazioni ambientali sfavorevoli sia in presenza di malattie come ustioni estese, diarrea cronica, vomito prolungato, assunzione di farmaci diuretici, malattie renali che comportano perdite eccessive di sodio. Una tossicità da eccesso di sodio si può verificare in presenza di alcune malattie (scompenso cardiaco, cirrosi epatica scompensata, insufficienza renale) a fronte di una alimentazione normale (quindi ricca di sodio).

3.2 I microelementi
3.2.1   Ferro (Fe)

Il ferro è un costituente essenziale di numerose proteine, tra le quali l'emoglobina e la mioglobina (10%). Inoltre, è indispensabile per il trasporto e l'utilizzazione dell'ossigeno nell'organismo e per il funzionamento di molti enzimi. Il ferro è contenuto negli alimenti in due diverse forme (*ferro eme* e *ferro non-eme*) che presentano un diverso grado di assorbimento intestinale.

Il **ferro eme** è assorbito più facilmente dall'organismo, perché è presente in una forma maggiormente disponibile (è assorbito dal 15 al 35%) ed è poco condizionato da altri componenti della dieta; viceversa la biodisponibilità del **ferro non-eme** è bassa (2-8%) ed è influenzata da altri componenti della dieta: aumenta in presenza di carne, pesce o acidi organici (quali acido ascorbico, acido citrico, acido lattico) e diminuisce in presenza di fitati, calcio, tannini, polifenoli, crusca, proteine del latte, dell'uovo e della soia.

Globalmente la **biodisponibilità del ferro** in una dieta mista occidentale è del 14- 18%.

Gli alimenti naturalmente più ricchi di ferro sono le frattaglie, i legumi secchi, le carni, i prodotti ittici, la frutta secca e oleosa, i cereali specialmente integrali, le verdure a foglia e le uova. Il ferro non-eme rappresenta la totalità del ferro presente negli alimenti di origine vegetale e nel latte e derivati e circa il 60% del totale negli altri alimenti di origine animale: il ferro eme rappresenta quindi circa il 40% del ferro totale presente nella carne e nel pesce.

I **fabbisogni** di ferro variano per età e sesso; dipendono dalle perdite di base (con feci, urine, sudore, esfoliazione degli epiteli) e risentono inoltre delle perdite dovute al flusso mestruale, del fabbisogno del feto e della madre in gravidanza e della ritenzione nei tessuti durante la crescita. di conseguenza, le **categorie a rischio di carenza** di ferro sono i bambini, gli adolescenti durante la pubertà, le donne in età fertile, in gravidanza e dopo il parto, i vegetariani e i vegani.

La carenza di ferro causa l'**anemia sideropenica,** una carenza molto diffusa in Europa soprattutto tra le donne adulte e adolescenti. L'anemia si manifesta con astenia, pallore, stanchezza e tachicardia.

3.2.2   Fluoro (F)

Il fluoro è essenziale per la salute dei denti e delle ossa. Svolge un ruolo ben documentato nella prevenzione e nel trattamento della carie: la sua azione anticarie è dovuta ai suoi effetti sul metabolismo dei batteri della placca dentale e sui complessi meccanismi di demineralizzazione dello smalto in seguito alle variazioni del pH della cavità orale. Questa azione richiede una esposizione continua al fluoro per tutta la vita.

Il fluoro presente nell'acqua potabile è ben assorbito (> 90%), mentre quello presente negli alimenti risulta essere meno assorbito. Il fluoro è diffusamente presente negli alimenti ma in quantità basse: quantità apprezzabili di fluoro si trovano nel tè e nei prodotti ittici; il contenuto nelle acque potabili e minerali varia a seconda delle zone geografiche.

La cottura in acque ricche di fluoro come pure l'utilizzo di contenitori e utensili in teflon (polimero del tetrafluoroetene) possono aumentare il contenuto negli alimenti. Una fonte non alimentare di fluoro da tenere in considerazione è rappresentata dai dentifrici. Un apporto elevato di fluoro è responsabile della fluorosi dello smalto.

3.2.3 Iodio (I)

Lo iodio è il costituente fondamentale degli ormoni tiroidei ed è necessario per una corretta funzione tiroidea. La carenza di iodio è causata dallo scarso contenuto di iodio nella crosta terrestre e, di conseguenza, negli alimenti.

L'insufficiente apporto alimentare di iodio è la causa principale del **gozzo** e determina effetti dannosi sull'accrescimento e sullo sviluppo cerebrale, indicati come *disordini da carenza di iodio*. Il gozzo è provocato dal fatto che, in carenza di iodio, la tiroide non è in grado di produrre una quantità adeguata di ormoni tiroidei; stimolata ad aumentare la produzione degli ormoni tiroidei, aumenta progressivamente il suo volume.

La carenza di iodio della madre durante la gravidanza e l'allattamento può avere serie ripercussioni sulla funzione tiroidea del feto e del neonato con possibili gravi conseguenze sullo sviluppo cerebrale (*ipotiroidismo congenito*).

Gli alimenti con il maggior contenuto di iodio sono i prodotti della pesca (pesci e in particolare alcuni molluschi); anche alcune alghe hanno contenuti elevatissimi.

Negli altri alimenti il contenuto è estremamente variabile e dipende da variazioni geologiche del terreno e da vari interventi per l'agricoltura e l'industria: uova, carne e latte ne contengono buone quantità.

Il contenuto di iodio nella frutta, nella verdura, nei legumi e nei cereali è notevolmente basso; inoltre, verdure e legumi, oltre ad essere poveri di iodio, contengono sostanze gozzigene che ne inibiscono l'assorbimento e l'utilizzazione.

La cottura riduce il contenuto di iodio negli alimenti di circa il 20% in caso di frittura o cottura alla griglia e di circa il 50% in caso di bollitura.

La carenza di iodio può essere prevenuta mediante l'integrazione di tale minerale nella filiera alimentare: il metodo più utilizzato consiste nell'uso di sale arricchito con iodio (*sale iodurato o iodato*) al posto del comune sale da cucina. Il sale iodato è inodore e non modifica il sapore delle pietanze.

3.2.4 Selenio (Se)

Il selenio svolge un ruolo nel metabolismo degli ormoni tiroidei, nella modulazione del sistema immunitario e nella difesa dallo stress ossidativo (funzione antiossidante).

Per la sua **attività antiossidante** al selenio è stato attribuito un ruolo protettivo nell'insorgenza di malattie degenerative. Il selenio è presente nel suolo ed entra nella catena alimentare attraverso le piante.

Gli alimenti con contenuto più elevato di selenio sono le frattaglie e i prodotti della pesca; presentano un buon contenuto di selenio anche le carni e la frutta secca a guscio, mentre contenuti minori si osservano nei cereali, nei legumi e nelle verdure. In Italia sono arricchiti con selenio le patate e più recentemente anche i lieviti.

La carenza è rara: l'importanza nutrizionale del selenio è stata stabilita in relazione ad una miocardiopatia endemica osservata in bambini, adolescenti e giovani donne (specie se in gravidanza) in alcune zone della Cina, denominata *morbo di Keshan* e collegata alla bassa assunzione di selenio con la dieta, legata probabilmente a bassa disponibilità di selenio nel terreno.

3.2.5 Zinco (Zn)

Presente in modo diffuso nei tessuti dell'organismo, lo zinco è coinvolto in numerose **funzioni cellulari** ed è fondamentale per la crescita e lo sviluppo: svolge funzione catalitica (quale componente di centinaia di enzimi), strutturale (preservando la struttura di molte proteine) e di regolazione (intervenendo nell'espressione di molti geni).

Svolge un ruolo centrale nei tessuti che sono caratterizzati da rapido turnover e proliferazione cellulare come il sistema immunitario e l'apparato gastrointestinale; inoltre, interviene nel metabolismo dell'insulina.

L'**assorbimento** intestinale dello zinco è favorito da una dieta ricca in proteine animali e rallentato dalla presenza di proteine vegetali, in quanto a queste ultime si associano *sostanze chelanti*, come fitati e ossalati, che ne riducono la disponibilità. L'assorbimento dello zinco può essere ridotto in caso di assunzione di alti livelli di ferro attraverso fonti non alimentari (farmaci).

Gli alimenti più ricchi di zinco sono le carni, le uova, i prodotti della pesca, il latte e i derivati; negli alimenti di origine vegetale il con tenuto è inferiore con l'eccezione dei legumi secchi, della frutta secca a guscio e di alcuni cereali dove però, come detto, la biodisponibilità può essere limitata dalla presenza di fitati.

La **carenza** di zinco è rara nei Paesi occidentali, mentre è diffusa in altre aree del mondo in particolare nel Sud-Est Asiatico: si manifesta con ritardo della crescita, perdita dei capelli, diarrea, alterazioni della funzione immunitaria e della capacità riproduttiva. I soggetti a rischio di carenza sono quelli con malattie da malassorbimento, i vegetariani, gli anziani, i bambini e le donne in gravidanza e durante l'allattamento.

3.2.6 Altri sali minerali

Rame (Cu). Nell'organismo di un individuo adulto sono presenti circa 100 mg di rame, concentrati soprattutto in fegato, cervello, reni e cuore. Il rame ha un ruolo essenziale nel corretto funzionamento di numerosi enzimi. La quantità di rame assunto con la dieta è generalmente sufficiente a coprire il fabbisogno giornaliero, stimato per l'adulto tra gli 1.5 e i 3 mg. Ne sono particolarmente ricchi legumi, pesci, crostacei, carne, cereali e noci. La carenza di rame può causare demineralizzazione delle ossa e fragilità delle pareti delle arterie, oltre a un'anemia simile a quella provocata dalla carenza di ferro. Al contrario la sindrome da eccesso si manifesta con febbre, nausea, vomito e diarrea.

Cromo (Cr). Il cromo è un elemento essenziale, in quanto indispensabile per il corretto metabolismo di zuccheri e grassi. Il suo contenuto nell'organismo generalmente non supera i 6 mg e diminuisce nel corso della vita: questo calo progressivo può spiegare la ridotta tolleranza al glucosio che spesso si osserva tra gli anziani. La carenza di cromo genera, infatti, genera intolleranza al glucosio, elevati valori di trigliceridi e di colesterolo. Sono buone fonti alimentari di cromo il lievito di birra, le carni, il formaggio e i cereali integrali; al contrario i vegetali sono generalmente poveri di questo minerale. Il fabbisogno giornaliero di cromo varia tra i 50 e i 200 µg. Un'assunzione eccessiva di cromo causa danni alla pelle e ai reni.

Cobalto (Co). Il cobalto è un elemento indispensabile come costituente della vitamina B_{12}. L'apporto di questo minerale è dunque strettamente collegato a quello della vitamina. Il fabbisogno è comunque facilmente coperto dalla dieta, essendo molto diffuso nella maggior parte degli alimenti.

Manganese (Mn). Il manganese è coinvolto nella costituzione di enzimi coinvolti nel metabolismo di proteine e zuccheri ed è indispensabile per il corretto sviluppo delle ossa. Questo minerale si trova in discrete quantità nei cereali e nelle noci, in quantità minori negli ortaggi, mentre è scarso negli alimenti di origine animale. Il fabbisogno giornaliero varia tra gli 1 e i 10 mg. La carenza di manganese provoca calo di peso e rallentata crescita di barba e capelli; al contrario la sindrome da eccesso comporta crisi ipoglicemiche, ipotensione e anemia ipocromica.

Molibdeno (Mo). Nell'organismo umano adulto sono generalmente presenti circa 9 grammi di molibdeno, localizzati soprattutto nel fegato. Il molibdeno aiuta la produzione degli enzimi che portano alla formazione di acido urico. Contenuto nelle frattaglie, nei legumi e nei cereali, solo in casi rarissimi si verificano problemi di carenza. Il fabbisogno giornaliero è tra i 50 e i 100 µg. Alla mancanza di molibdeno è associata irritabilità, tachicardia, cecità notturna, danni cerebrali e in alcuni casi tumori esofagei. Un'assunzione eccessiva di molibdeno provoca invece aumento della concentrazione ematica e urinaria di acido urico, oltre a carenza di rame.

Silicio (Si). Presente solo in tracce nell'organismo, serve per la sintesi di collagene e tessuto connettivo, oltre a essere un costituente importante del tessuto osteoide. Il fabbisogno giornaliero è 20-50 mg. Non si conoscono sintomi da carenza nell'uomo, mentre è noto che la prolungata esposizione a elevate concentrazioni di silicio provoca la silicosi, malattia polmonare.

Nichel (Ni). Attiva, alcuni enzimi e facilita l'assorbimento del ferro presente negli alimenti. Il fabbisogno è sempre coperto dalla dieta e non si riscontrano sindromi da carenza.

Cadmio (Cd). Può sostituire lo zinco nella carbossipeptidasi conservandone l'attività e può attivare alcuni enzimi. È introdotto con numerosi alimenti e non si riscontrano patologie legate alla sua carenza.

Vanadio (V). Ha un ruolo importante nella pompa sodio-potassio e nella produzione di altri enzimi coinvolti nel metabolismo dei principi nutritivi, degli ormoni e del tessuto osseo. La sua essenzialità è dimostrata per gli organismi inferiori, ma non ancora per quelli superiori. Il fabbisogno giornaliero è 10-20 µg.

Conclusioni

Anche se necessari in quantità minime, i micronutrienti sono coinvolti in ogni singolo ambito del benessere. Per assicurarsi di non rimanere mai senza questi nutrienti vitali, è importante scegliere e mantenere una dieta equilibrata, varia ed il più possibile ricca di cibi naturali. Frutta fresca e a guscio, verdura, legumi e cereali integrali forniscono un'ampia gamma di vitamine e minerali, mentre prodotti lattiero-caseari, pesce e carne magra apportano nutrienti chiave come la vitamina D e il ferro. Tutto questo a patto di preservare le proprietà organolettiche di ciascun ingrediente tramite il ricorso a cotture leggere e ad un uso moderato di condimenti.

Per vivere bene ed in forma, ricordarsi quindi di affiancare a carboidrati, proteine e lipidi anche **il giusto corrispettivo di micronutrienti**, secondo le dosi consigliate[24].

---

[24] www.salute.gov.it/imgs/C_17_pagineAree_1268_5_file.pdf

Bibliografia

La nuova alimentazione. Scienza e cultura dell'alimentazione.
Edizioni Alma-Plan (2015, 2016, 2022).

Sitografia

www.crea.gov.it/-/tabella-di-composizione-degli-alimenti

www.epicentro.iss.it/sali/

www.issalute.it/index.php/la-salute-dalla-a-alla-z-menu/m/minerali-e-oligoelementi#link-approfondimento

Linee Guida Sana Alimentazione 2018 -Nov-2019_B4.docx (crea.gov.it)

www.medicitalia.it

www.msdmanuals.com/it

Organizzazione Mondiale della Sanità - OMS (salute.gov.it)

sinu.it/tabelle-larn-2014/

Link approfondimento

European Food Safety Authority (EFSA). Tolerable upper
intake levels for vitamins and minerals in,
www.efsa.europa.eu/sites/default/files/assets/ndatolerableuil.pd
f

Ministero della Salute. Apporti giornalieri di vitamine e
minerali ammessi negli integratori alimentari in,
www.salute.gov.it/imgs/C_17_pagineAree_1268_5_file.pdf

www.who.int/teams/nutrition-and-food-safety

Pubblicazioni scientifiche

1) Bevilacqua A, Casanova FP, Petruzzi L, Sinigaglia M, Corbo MR (2016). Using physical approaches for the attenuation of lactic acid bacteria in an organic rice beverage. Food Microbiology, 53:1-8.

2) Casanova FP (2015). Production of health rice-based drink: use of ultrasound-attenuated lactic acid bacteria and yeasts. Doctoral thesis research.

3) Bevilacqua A, Petruzzi L, Casanova FP, Corbo MR (2015). Viability and acidification by promising yeasts intended as potential starter cultures for rice-based beverages. Advance Journal of Food Science and Technology 9(5): 326-331.

4) Casanova FP, Bevilacqua A, Petruzzi L, Sinigaglia M, Corbo MR (2015). Screening of promising yeasts for cereal-based beverages using CO_2 headspace analysis. Czech Journal of Food Science, 33:8-12.

5) Corbo MR, Bevilacqua A, Petruzzi L, Casanova FP, Sinigaglia M (2014). Functional beverages: the emerging side of functional foods. Commercial trends, research and health

implications. Comprehensive Reviews in Food Science and Food Safety, 13:1192-1206.

6) Casanova FP, Bevilacqua A, Sinigaglia M, Corbo MR (2013). Food design and innovation: the cereal-based drinks. Ingredienti Alimentari, 71:12-20.

7) Bevilacqua A, Casanova FP, Arace E, Augello S, Carfragna R, Cedola A, Delli Carri S, De Stefano F, Di Maggio G, Marinelli V, Mazzeo A, Racioppo A, Corbo MR, Sinigaglia M (2012). A case study on the selection of promising functional starter strains from grape yeasts: a report by students of Food Science and Technology, University of Foggia (Southern Italy). Journal of Food Research, 1(4):44-54.

Self publishing

Casanova FP (23/03/2024). "Pensieri e parole, tra monti e valli, alla luce dei tempi odierni": Raccolta di alcuni pensieri scritti ai tempi della pandemia da Covid-19. Editore: Lulu.com, 32 pag. Libro a copertina morbida B/N-A5. ISBN-13: 978-1446119914.

Casanova FP (28/05/2024). "Dagli alimenti funzionali ai nuovi alimenti": il ruolo di alcuni componenti bioattivi sull'alimentazione. Editore: Lulu.com, 109 pag. Libro a copertina morbida B/N-A5. ISBN-13: 978-1445725604.

Breve biografia dell'autore

Casanova Francesco Pio, autore del libro "L'importanza dei micronutrienti nell'alimentazione equilibrata" è laureato in Scienze e tecnologie alimentari e dottore di ricerca in Biotecnologie dei prodotti alimentari; docente in Tecnologia e Scienze degli alimenti. Dopo le varie pubblicazioni, in questo testo si descrivono le caratteristiche dei micronutrienti (vitamine e sali minerali) nell'ottica di un consumatore consapevole.

Finito di stampare nel mese di luglio 2024.

Lulu Press, Inc